Wissenschaftliche Reihe Fahrzeugtechnik Universität Stuttgart

Herausgegeben von
M. Bargende, Stuttgart, Deutschland
H.-C. Reuss, Stuttgart, Deutschland
J. Wiedemann, Stuttgart, Deutschland

Das Institut für Verbrennungsmotoren und Kraftfahrwesen (IVK) an der Universität Stuttgart erforscht, entwickelt, appliziert und erprobt, in enger Zusammenarbeit mit der Industrie, Elemente bzw. Technologien aus dem Bereich moderner Fahrzeugkonzepte. Das Institut gliedert sich in die drei Bereiche Kraftfahrwesen, Fahrzeugantriebe und Kraftfahrzeug-Mechatronik. Aufgabe dieser Bereiche ist die Ausarbeitung des Themengebietes im Prüfstandsbetrieb, in Theorie und Simulation.

Schwerpunkte des Kraftfahrwesens sind hierbei die Aerodynamik, Akustik (NVH), Fahrdynamik und Fahrermodellierung, Leichtbau, Sicherheit, Kraftübertragung sowie Energie und Thermomanagement – auch in Verbindung mit hybriden und batterieelektrischen Fahrzeugkonzepten.

Der Bereich Fahrzeugantriebe widmet sich den Themen Brennverfahrensentwicklung einschließlich Regelungs- und Steuerungskonzeptionen bei zugleich minimierten Emissionen, komplexe Abgasnachbehandlung, Aufladesysteme und -strategien, Hybridsysteme und Betriebsstrategien sowie mechanisch-akustischen Fragestellungen.

Themen der Kraftfahrzeug-Mechatronik sind die Antriebsstrangregelung/Hybride, Elektromobilität, Bordnetz und Energiemanagement, Funktions- und Softwareentwicklung sowie Test und Diagnose.

Die Erfüllung dieser Aufgaben wird prüfstandsseitig neben vielem anderen unterstützt durch 19 Motorenprüfstände, zwei Rollenprüfstände, einen 1:1-Fahrsimulator, einen Antriebsstrangprüfstand, einen Thermowindkanal sowie einen 1:1-Aeroakustikwindkanal.

Die wissenschaftliche Reihe „Fahrzeugtechnik Universität Stuttgart" präsentiert über die am Institut entstandenen Promotionen die hervorragenden Arbeitsergebnisse der Forschungstätigkeiten am IVK.

Herausgegeben von
Prof. Dr.-Ing. Michael Bargende
Lehrstuhl Fahrzeugantriebe,
Institut für Verbrennungsmotoren und
Kraftfahrwesen, Universität Stuttgart
Stuttgart, Deutschland

Prof. Dr.-Ing. Jochen Wiedemann
Lehrstuhl Kraftfahrwesen,
Institut für Verbrennungsmotoren und
Kraftfahrwesen, Universität Stuttgart
Stuttgart, Deutschland

Prof. Dr.-Ing. Hans-Christian Reuss
Lehrstuhl Kraftfahrzeugmechatronik,
Institut für Verbrennungsmotoren und
Kraftfahrwesen, Universität Stuttgart
Stuttgart, Deutschland

Hannes Hopp

Thermomanagement von Hochleistungsfahrzeug-Traktionsbatterien anhand gekoppelter Simulationsmodelle

Hannes Hopp
Stuttgart, Deutschland

Zugl.: Dissertation Universität Stuttgart, 2015
D93

Wissenschaftliche Reihe Fahrzeugtechnik Universität Stuttgart
ISBN 978-3-658-14246-9   ISBN 978-3-658-14247-6 (eBook)
DOI 10.1007/978-3-658-14247-6

Die Deutsche Nationalbibliothek verzeichnet diese Publikation in der Deutschen Nationalbibliografie; detaillierte bibliografische Daten sind im Internet über http://dnb.d-nb.de abrufbar.

Springer Vieweg
© Springer Fachmedien Wiesbaden 2016
Das Werk einschließlich aller seiner Teile ist urheberrechtlich geschützt. Jede Verwertung, die nicht ausdrücklich vom Urheberrechtsgesetz zugelassen ist, bedarf der vorherigen Zustimmung des Verlags. Das gilt insbesondere für Vervielfältigungen, Bearbeitungen, Übersetzungen, Mikroverfilmungen und die Einspeicherung und Verarbeitung in elektronischen Systemen.
Die Wiedergabe von Gebrauchsnamen, Handelsnamen, Warenbezeichnungen usw. in diesem Werk berechtigt auch ohne besondere Kennzeichnung nicht zu der Annahme, dass solche Namen im Sinne der Warenzeichen- und Markenschutz-Gesetzgebung als frei zu betrachten wären und daher von jedermann benutzt werden dürften.
Der Verlag, die Autoren und die Herausgeber gehen davon aus, dass die Angaben und Informationen in diesem Werk zum Zeitpunkt der Veröffentlichung vollständig und korrekt sind. Weder der Verlag noch die Autoren oder die Herausgeber übernehmen, ausdrücklich oder implizit, Gewähr für den Inhalt des Werkes, etwaige Fehler oder Äußerungen.

Gedruckt auf säurefreiem und chlorfrei gebleichtem Papier

Springer Vieweg ist Teil von Springer Nature
Die eingetragene Gesellschaft ist Springer Fachmedien Wiesbaden

Vorwort

Die vorliegende Arbeit entstand während meiner Tätigkeit als akademischer Mitarbeiter am Forschungsinstitut für Kraftfahrwesen und Fahrzeugmotoren Stuttgart (FKFS). Als Grundlage diente ein Industrie-Kooperationsprojekt mit der Dr. Ing. h.c. F. Porsche AG im Entwicklungsbereich in Weissach.

Ganz besonders möchte ich Herrn Prof. Dr.-Ing. Jochen Wiedemann für die Übernahme des Erstberichts und für die allzeit anregenden und motivierenden Diskussionen danken. Herrn Prof. Dr.-Ing. Bernhard Weigand möchte ich für den Mitbericht der vorliegenden Arbeit danken. Den Herren Dr.-Ing. Timo Kuthada und Dipl.-Ing. Nils Widdecke danke ich herzlichst für die produktiven Diskussionen und die sehr gute Zusammenarbeit während meiner Zeit am FKFS.

Als Projektpartner möchte ich der Dr. Ing. h.c. F. Porsche AG, repräsentiert durch die Entwicklungsabteilung „Aerodynamik und Thermomanagement", deren Abteilungsleiter, Herrn Dipl.-Ing. Michael Pfadenhauer, und meinen Betreuern Herrn Dr.-Ing. Timo Lemke und Herrn Dr.-Ing. Ralf Häßler, für die sehr angenehme und offene Zusammenarbeit danken.

Außerdem gilt mein Dank allen Kollegen des FKFS und der Dr. Ing. h.c. F. Porsche AG, die mich während dieser Arbeit unterstützt haben und jederzeit für interessante Diskussionen zur Verfügung standen. Ein besonderer Dank gilt dem Bacheloranden Christof Schlör sowie dem Diplomanden Armin Stangl für die wertvolle Unterstützung.

Abschließend möchte ich meiner Frau, Charlotte Hopp-Boothroyd, für ihre verständnisvolle und beständige Unterstützung während der Ausarbeitung dieser Arbeit herzlichst danken.

Hannes Hopp

Inhaltsverzeichnis

Formelzeichenverzeichnis IX
Abkürzungsverzeichnis XIII
Kurzfassung XV
Abstract XIX

1 Einleitung und Zielsetzung 1

2 Stand der Technik und Grundlagen von Lithium-Ionen-Batterien 3
   2.1 Antriebskonzepte und Batteriesysteme 3
   2.2 Lithium-Ionen-Batterietechnologie 7
   2.3 Simulation von Batteriesystemen 12
   2.4 Thermomanagement elektrifizierter Antriebsstränge 16
   2.5 Fahrzyklen und Lastanforderungen 20

3 Simulationsmodelle – Aufbau und Funktion 23
   3.1 Fluidkreisläufe 24
      3.1.1 Hydraulisches Kühlmittelkreislaufmodell 24
      3.1.2 R134a Kältemittelkreislaufmodell 27
   3.2 Batteriemanagementsystem 33
   3.3 Batteriemodell 34
      3.3.1 Thermisches Batteriemodell 34
      3.3.2 Elektrisches Batteriemodell 38
   3.4 Gekoppelter Simulationsverbund 43
   3.5 Zusammenfassung und Bewertung 47

4 Experimentelle Untersuchungen und Validierung 49
   4.1 Validierung des Kühlkreislaufmodells 49
   4.2 Validierung des Kältekreislaufmodells 50
   4.3 Thermoelektrische Untersuchungen an Einzelzellen 56
      4.3.1 Versuchsaufbau 57
      4.3.2 Abstimmung des thermoelektrischen pseudo-2D-Simulationsmodells 59
      4.3.3 Validierung des thermoelektrischen pseudo-2D-Simulationsmodells 63
   4.4 Thermoelektrische Untersuchungen an einem Batteriemodul 71

　　　　4.4.1　Versuchsaufbau und Messprogramm 72
　　　　4.4.2　Thermisches Verhalten des Batteriemoduls bei Abkühlung 74
　　　　4.4.3　Thermoelektrisches Verhalten bei elektrischer Last 76
　　4.5　Validierung im Gesamtfahrzeugverbund 85
　　4.6　Zusammenfassung und Bewertung 93

5　Ergebnisse 95

　　5.1　Thermisches Systemverhalten unter Reichweitenaspekten 95
　　　　5.1.1　Fahrzyklen und thermisches Systemverhalten 95
　　　　5.1.2　Thermische Reichweiteneinflüsse in der „Stuttgart-Runde" 100
　　　　5.1.3　Reichweitenuntersuchungen für die „End-of-Life" Betrachtung 105
　　　　5.1.4　Zusammenfassung und Bewertung 107
　　5.2　Thermisches Systemverhalten im Rennstreckenbetrieb 108
　　　　5.2.1　Vergleich verschiedener Streckenprofile und Betriebsarten 109
　　　　5.2.2　Einfluss von Start- / Umgebungstemperatur auf die Batterietemperatur ... 112
　　　　5.2.3　Einfluss der thermischen Kontaktierung des Batteriesystems 116
　　　　5.2.4　Vergleich unterschiedlicher Regelungsstrategien 117
　　　　5.2.5　Thermische Interaktion mit dem Motorkühlsystem 119
　　　　5.2.6　Zusammenfassung und Bewertung 121

6　Schlussfolgerungen und Ausblick 123

Literaturverzeichnis 125

Formelzeichenverzeichnis

A	Fläche	m²
C	Elektrische Kapazität	F
c	spezifische elektrische Ladungsmenge	
c	spezifische Wärmekapazität eines Feststoffs	J/kg/K
c_p	spezifische isobare Wärmekapazität	J/kg/K
D	Bezugslänge	m
d	Durchmesser	m
DOD	Entladezustand (*engl.* Depth of Discharge)	
E	Energiemenge	J
ETD	Eintrittstemperaturdifferenz	K
f	Drehfrequenz	1/s
F	Faraday-Konstante	C/mol
g	Erdbeschleunigung	m/s²
G	*Gibbs*'sche freie Energie	J
H	Enthalpie	J
$\dot{H}$	Enthalpiestrom	W
h	Spezifische Enthalpie	J/kg
I	Elektrischer Strom	A
j	Massenstromdichte	kg/m²/s
k	Wärmedurchgangskoeffizient	W/m²/K
l	Länge	m
m	Masse	kg
$\dot{m}$	Massenstrom	kg/s
n	Anzahl	
n	Drehzahl	1/s
Nu	*Nusselt*-Zahl	
OCV	Ruhespannung (*engl.* Open Circuit Voltage)	V
P	Leistung	W
p	statischer Druck	Pa
Pr	*Prandtl*-Zahl	
Q	Ladungsmenge	As
Q	Wärmemenge	J
$\dot{Q}$	Wärmestrom	W
r	spezifischer elektrischer Widerstand	
R	elektrischer Widerstand	V/A
R_{th}	thermischer Kontaktwiderstand	K/W
R^2	Residuum	
Re	*Reynolds*-Zahl	
s	Strecke	m

S	Entropie	J/K
$\dot{S}$	Entropiestrom	W/K
SOC	Ladezustand	
T	Absolute Temperatur	K
t	Zeit	s
U	elektrische Spannung	V
v	Geschwindigkeit	m/s
V	Volumen	m³
W	Arbeit	J
x	Abweichung	
z	Höhe	m
α	Wärmeübergangszahl	W/m²/K
$\mathfrak{R}$	universelle Gaskonstante	J/mol/K
β	Stellgröße	
χ	relative Größe	
δ	relative Differenz	
ΔG	Differenz der freien Enthalpie	J
ΔH	Enthalpiedifferenz	J
ΔS	Entropiedifferenz	J/K
ΔT	Temperaturdifferenz	K
Δt	Zeitdifferenz	s
ε_K	Leistungsziffer	
Φ	Betriebscharakteristik eines Kreuzstrom-Wärmeübertragers	
γ	Skalierungsgröße der *Nusselt*-Zahl im Umschlagsbereich	
η	dynamische Viskosität	kg/m/s
η	Wirkungsgrad	
ϑ	Temperatur	°C
λ	Wärmeleitfähigkeit	W/m/K
μ	Energieverhältnis	
π	Druckverhältnis	
ρ	Dichte	kg/m³
σ	Standardabweichung	
σ	*Stefan-Boltzmann*-Konstante	W/m²/K⁴
τ	Zeitkonstante	s
Ω	Drehzahlverhältnis	
ξ	*Reynolds*-Zahl abhängiger Faktor der turbulenten *Nusselt*-Zahl	
ζ	dimensionsloser strömungsmechanischer Widerstandswert	

Index[1]

1	Zustand 1
2	Zustand 2
a	Beschleunigung
A, aus	Austritt aus einer Komponente
Bat	Batterie
BMS	Batteriemanagementsystem
BOL	Beginning-of-Life
COP	Leistungsziffer (*engl.* Coefficient of Performance)
D0	0. Komponente des Ersatzspannungsmodells
D1	1. Komponente des Ersatzspannungsmodells
dT	Temperaturdifferenz
E, ein	Eintritt in eine Komponente
e	effektiv
el	elektrisch
Ende	Endwert
EOL	End-of-Life
ETD	Eintrittstemperaturdifferenz
Exp	experimentelle Größe
Fuß	Auswertung am Fuß
Grenze	Grenzwert
h	Hub
Hyd	hydraulisch
i	Index
I	Strom
ic	isentrop
irrev	irreversibel
IWT	Innerer Wärmeübertrager
KM	Kältemittel
KMK	Kältemittelkompressor
KMPWT	Kältemittel-Plattenwärmeübertrager
KMPWT-R	Kältemittel-Plattenwärmeübertrager kältemittelseitig
KMV	Kältemittelverdampfer
KW	Kühlmittel
L	laminare Größe
LW	Luftwiderstand
m	Mittelwert
max	Maximalwert
mec	mechanisch
min	Minimalwert
n	Drehzahl des Kompressors
NEFZ	Neuer europäischer Fahrzyklus

---

[1] Kombinationen der genannten Indizes werden durch Kommata getrennt.

nom	Nominalwert
NTK	Niedertemperatur-Kühler
Oben	obere Position der Auswertung
PTC	Zuheizer
R	Rollwiderstand
rechts	rechte Seitenfläche
Ref	Referenzwert
rev	reversibel
RMS	Effektivwert
S	Schlupfverlust
s	Strecke
Seite	seitliche Auswertung
Sim	Simulationsgröße
Soll	Sollwert
St	Steigungsanteil
Start, 0	Startwert
T	Temperatur
T	Turbulente Größe
TMM	Thermomanagement
U	Spannung
Umg	Umgebung
Unten	untere Position der Auswertung
V	volumetrisch
Verl	Verlust
VT	Triebstrangverlust
x	x-Koordinate
y	y-Koordinate
z	z-Koordinate
Zelle	auf Einzelzelle bezogen

Abkürzungsverzeichnis

BMS	Batteriemanagementsystem
BOL	Beginning-of-Life
CADC	Common Artemis Driving Cycle
CFD	Computational Fluid Dynamics
EOL	End-of-Life
FTP	Federal Test Procedure
HEV	Hybrid Electric Vehicle
HVAC	Heating, Ventilation and Air Conditioning
IWT	Innerer Wärmeübertrager
KMPWT	Kältemittel-Plattenwärmeübertrager
NEFZ	Neuer Europäischer Fahrzyklus
NiCr-Ni	Nickel-Chrom/Nickel
NiMH	Nickel-Metall-Hydrid
NT	Niedertemperatur
NTC	Negative Temperature Coefficient Thermistor
OEM	Erstausrüster (*engl.* Original Equipment Manufacturer)
PHEV	Plug-in Hybrid Electric Vehicle
PWM	Pulsweitenmodulation
RCR	Resistance-Capacity-Resistance
SL	Siedelinie
TL	Taulinie
WLTP	Worldwide Harmonized Light Duty Test Procedure

Kurzfassung

Um die gestiegenen Vorgaben hinsichtlich des CO_2 Ausstoßes von Personenkraftwagen zu erfüllen, wird die Elektrifizierung des Antriebsstrangs immer weiter vorangetrieben. Plug-in-Hybride stellen eine Kombination aus elektrischem Antrieb und konventionellem Verbrennungsmotor zur rein-elektrischen Traktion für kurze Strecken und hybriden Traktion für höhere Reichweiten dar. Für Sportwagen ist die zusätzliche elektrische Leistung durch die Elektromotoren eine Möglichkeit, die Leistungsfähigkeit auf der Rennstrecke und gleichzeitig die Effizienz weiter zu steigern. Lithium-Ionen-Batterien sind die Kernkomponente des elektrischen Antriebsstrangs und daher einer der Hauptbereiche aktueller Entwicklungsumfänge. Die Leistungs- und Energiedichte dieser Batterietechnologie ist bisherigen Nickel-Metall-Hydrid Batterien überlegen, jedoch stellt sie erhöhte Anforderungen an die thermischen Betriebsbedingungen.

Nachfolgend wird die Notwendigkeit zur Kühlung von Lithium-Ionen-Batterien im Fahrzeug erläutert und eine simulative Methode zur Prognose von Batterietemperaturen und der Wechselwirkung mit dem Kühlsystem im Fahrzeugverbund vorgestellt. Im Fahrzeug kann die Temperierung von Batteriesystemen über Luft, Kühlmittel und Kältemittel erfolgen. Die Ziele des Thermomanagement-Systems sind u. a. die Einhaltung der thermischen Grenzbedingungen und eine effiziente Regelung der beteiligten Systeme durch gezieltes Steuern der aktiven Komponenten im Kühlsystem. Das Batteriesystem kommuniziert zum einen mit dem Antriebsstrang, zum anderen besteht über das Batteriemanagementsystem eine bidirektionale Verbindung mit dem angebundenen Kühlsystem und dem Kältemittelkreislauf. Die Abbildung dieser Wechselwirkungen stellt ein weiteres Ziel dieser Arbeit dar. Dafür wird auf die Methode des gekoppelten Simulationsverbunds zurückgegriffen.

Im Rahmen der Arbeit wird die Kombination eines Kältemittelkreislaufs mit einem Kühlmittelkreislauf zur Temperierung des Batteriesystems eingesetzt. Die thermodynamischen Eigenschaften und Wechselwirkungen zwischen den Kreisläufen werden in 1D-Simulationswerkzeugen abgebildet und kommunizieren mit dem Simulationsverbund über eine neutrale Softwareinstanz zur Synchronisierung und zum Austausch der benötigten Eingangs- und Ausgangsdaten. Die Simulationsgüte der beiden Modelle wird in stationären Betriebspunkten untersucht und mit vorhandenen Messdaten abgeglichen. Die Überleitung der stationären in transiente Modelle erfolgt über geschwindigkeitsabhängige Luftdurchsatz-Kennlinien und die Modellierung der Kompressordrehzahl-Regelung im Kältemittelkreislauf sowie der Pumpen-Regelung im Kühlmittelkreislauf.

Im Simulationsverbund stellt das Batteriemodell die zentrale Größe dar. Aufbauend auf bestehenden Modellierungsansätzen wird die Abwärmecharakteristik der Batterie aus Einzelzellmessungen untersucht und in ein modulares Simulationsmodell überführt. Ein Klemmspannungsmodell der Batterie ermöglicht die Bilanzierung der Verluste anhand des

Ruhepotenzials der Einzelzellen. Die Parameter des Ersatzmodells werden anhand eines numerischen Optimierungsverfahrens durch Lösung des vorherrschenden linearen Differenzialgleichungssystems identifiziert. Irreversible und reversible (durch endo- und exotherme Reaktionen hervorgerufene) Effekte der Wärmefreisetzung müssen betrachtet werden, um besonders bei niedrigen elektrischen Lasten die zeitlichen Verläufe der Temperatur nachvollziehen zu können. Die Effizienz und Leistungsfähigkeit der Batterie stehen in direkter Wechselwirkung mit der Temperatur. Bei höheren Temperaturen steigt die Effizienz, wobei Alterungseffekte und Sicherheitsaspekte den Temperaturbereich nach oben begrenzen, bei niedrigeren Temperaturen sinkt die Effizienz und das Laden der Batterie ist erschwert. Neben der absoluten Temperatur der Zellen und der Batterie handelt es sich bei der Temperaturhomogenität um eine weitere relevante Eingangsgröße für das Batteriemanagementsystem. Die Temperaturspreizung innerhalb einer Batterie kann zu einer ungleichförmigen Alterung zwischen den Zellen führen.

Ausgehend von einem synthetischen Lastprofil, dem Profil einer Stadtfahrt und zwei Rennstreckenprofilen wird die Validierung des elektro-thermischen Batteriemodells auf Zellbasis, Modulbasis und im Fahrzeug durchgeführt. Die Ergebnisse lassen bei der Einzelzelle auf eine gute Übereinstimmung der simulierten elektrischen und thermischen Größen gegenüber den gemessenen Daten schließen. Im Modulversuch zeigen sich die korrekte Abbildung der Temperaturspreizung zwischen den Zellen und die korrekte Wiedergabe der maximalen Batterietemperaturen. Am Batteriemodul kann zusätzlich zu den elektrischen und thermischen Größen der Zellen der abgegebene Wärmestrom in das Kühlmittel bilanziert werden. Dieser liefert ein weiteres wichtiges Indiz für die Simulationsgüte. Im Fahrzeugversuch ist der dynamisch betriebene Kühl- und Kältemittelkreislauf eine wesentliche Randbedingung, deren Einfluss ebenfalls untersucht wird und eine gute Übereinstimmung von Simulation und Messdaten liefert.

Die Untersuchungsergebnisse zeigen, dass bereits durch eine Kombination aus einem Klemmspannungsmodell und einem pseudo-zweidimensionalen thermischen Mehrmassenmodell detaillierte Aussagen über die genannten Wechselwirkungen getroffen werden können. Zur Bestimmung der elektrischen Parameter sind hochdynamische Untersuchungen über einen großen Ladezustands- und Temperaturbereich notwendig, die den Aufwand dieser Methode hinsichtlich Kosten und Zeitbedarf erhöhen. Zukünftig könnten physikochemische simulative Untersuchungen unter Kenntnis des inneren Aufbaus und der verwendeten Materialen der Einzelzelle diesen Prozess beschleunigen. Bei der thermischen Modellierung bietet sich der vermehrte Einsatz dreidimensionaler numerischer Methoden an, um abstrahierte thermische Modelle der Batterie zu erzeugen und somit im Simulationsverbund beschleunigt Aussagen treffen zu können. Dieses Vorgehen bietet sich besonders bei Kühlungskonfigurationen mit mehreren Wärmeübertragungspfaden an. Weiterführend kann eine Kombination aus dreidimensional thermisch und elektrisch diskretisiertem Modell noch detaillierter Effekte wie ungleichmäßige Ladungs- und Stromdichteverteilung auf dem Elektrodenstapel auflösen und entgegenwirkende thermische Maßnahmen bewerten.

Der Simulationsverbund wird im weiteren Verlauf zur Prognose der thermoelektrischen Wechselwirkungen der Batterie in verbrauchsrelevanten Fahrzyklen verwendet. Bei diesen Betrachtungen stehen die rein-elektrisch erzielbare Reichweite und die dabei auftretende Erwärmung der Batterie im Vordergrund. Die Batterietemperatur zeigt sich bei Umgebungstemperaturen unterhalb der Zieltemperatur der Batterie als unkritisch, wobei bei hohen Start- und Umgebungstemperaturen die Konditionierung der Batterie einen negativen Einfluss auf die Reichweite hat. Die Klimatisierung des Innenraums benötigt bei hohen Umgebungstemperaturen einen großen Anteil der verfügbaren elektrischen Kapazität und wird über eine Vorgabe aus Literaturwerten abgebildet. Die Batterietemperatur wird durch den zusätzlichen Leistungsbedarf jedoch nur geringfügig beeinflusst, da höhere Batterieströme einem schneller sinkenden Ladezustand entgegenwirken und in manchen Zyklen sogar der Temperaturanstieg reduziert wird.

Eine Variation der Umgebungs-, Start- und Solltemperatur zeigt deren Einfluss auf die elektrisch erzielbare Reichweite und die mittlere Batterietemperatur. Die Vorkonditionierung der Batterie im Ladebetrieb kann sich positiv auf die elektrisch erzielbare Reichweite auswirken. Gleichzeitig kann das Temperaturkollektiv der Batterie deutlich homogener ausfallen, wodurch die Alterung positiv beeinflusst wird. Die Solltemperatur der Batterie ist als Optimum aus Effizienz und Alterung zu verstehen und dabei abhängig vom gewählten Batterietyp und dem Einsatzzweck. Eine Reduktion der Solltemperatur erhöht die thermische Last und beeinflusst die elektrisch erzielbare Reichweite nachteilig, besonders die Kombination aus erhöhter Starttemperatur und niedrigerer Solltemperatur senkt die elektrisch erzielbare Reichweite.

Eine weitere Einsatzmöglichkeit des gekoppelten Simulationsverbunds besteht in der raschen Bewertung von Kühlungskonzepten. Am Beispiel eines im Konzept integrierten Niedertemperaturkühlers zeigen sich der Betriebsbereich in Abhängigkeit der Umgebungstemperatur und die dabei erzielten Vorteile gegenüber der reinen Nutzung des Kältemittelkreislaufs. Ein Reichweitenvorteil des Niedertemperaturkühlers ist nur in einem kleinen Temperaturbereich gegeben, da bei sinkenden Umgebungstemperaturen der Wirkungsgrad des Kältemittelkreislaufs ansteigt und die Verlustleistung der Batterie in diesen Zyklen sehr gering ausfällt.

Die Alterung der Batterie macht sich durch eine Verminderung der Kapazität und eine Erhöhung des Innenwiderstands bemerkbar. Dieser Zustand kann jedoch nicht detailliert quantifiziert werden, so dass weitere Annahmen getroffen werden müssen, um die Alterungseinflüsse auf die Batterie zu beschreiben. Am Beispiel einer Stadtfahrt werden die Einflüsse einer gealterten Batterie auf die elektrisch erzielbare Reichweite und die auftretenden Verluste untersucht. Bei hohen Umgebungstemperaturen zeigt sich ein zunehmend negativer Einfluss des erhöhten Innenwiderstands auf die Reichweite, wobei die Kapazitätsänderung linear mit der Reichweitenreduktion korreliert. Die Batterietemperatur ist bei dem betrachteten Lastprofil jedoch stets als unkritisch zu bewerten.

Der Rennstreckenbetrieb stellt einen wichtigen Auslegungsfall für das Kühlsystem eines Sportwagens dar. Besonders bei einem Batteriesystem zeigt sich durch den quadratischen

Zusammenhang aus Verlustleistung und elektrischem Strom eine Notwendigkeit zur Bewertung dieser Profile. Basierend auf zwei Streckenprofilen und zwei Betriebsarten – entleerender und erhaltender Ladezustand – werden der Einfluss auf die maximalen, minimalen und mittleren Temperaturen sowie die Temperaturhomogenität untersucht. Im entleerenden Betrieb der Batterie werden erhöhte Entladeströme und die daraus resultierenden Temperaturerhöhungen sichtbar. Im realen Betrieb stellt sich eine Kombination aus beiden Betriebsfällen ein, um über eine große Zyklenanzahl eine konstante elektrische Leistung abrufen zu können und Reserven für kurzzeitig höhere Leistungen zu haben.

Bei den Betrachtungen im Rennstreckenbetrieb wird eine Variation der Start-, Umgebungs- und Solltemperatur durchgeführt. In allen Fällen zeigt sich, dass das Kühlsystem die Batterie innerhalb ihrer thermischen Betriebsgrenzen halten kann. Die elektrische Leistungsaufnahme des Kühlsystems zeigt große Unterschiede, je nachdem, ob in der Basiskühlungsvariante oder in der Maximalkühlungsvariante mit reduzierter Vorlauftemperatur gefahren wird. Die Temperaturspreizung innerhalb der Batterie reagiert stark auf die Vorlauftemperatur und die thermische Anbindung der Einzelzellen an die Kühlplatte. Diesen Effekt gilt es in Bezug auf die Auswahl der notwendigen Kühlmittelvolumenströme, zulässigen Vorlauftemperaturen und konstruktive Ausführung der Batterie zu beachten.

Das Batteriemanagementsystem verknüpft das Kühlsystem mit dem Batteriemodell und hat daher großen Einfluss auf die elektrische Energieaufnahme und das thermische Verhalten der Batterie. Eine numerische Unterstützung bei der Applikation und dem Entwurf des Regelungsmodells ermöglicht die frühzeitige Bewertung einer Vielzahl von Parametern. Zur simulativen Bewertung von Versuchsfahrten ist es darüber hinaus notwendig, dieses Regelungsverhalten abzubilden, um Einflüsse durch vom Referenzzustand abweichende Randbedingungen bewerten zu können. So kann die Batterietemperatur nicht analog zu Oberflächen- oder Fluidtemperaturen im Fahrzeug auf eine abweichende Umgebungstemperatur verrechnet werden, da die Regelung mit dem Batteriesystem nichtlinear interagiert.

Die Ergebnisse dieser Arbeit zeigen die Notwendigkeit zur engen Verzahnung von simulativen und experimentellen Werkzeugen in der Fahrzeugentwicklung. Die Bewertung von Kühlkonzepten hängt stark von experimentellen Eingangsgrößen der Batterie ab, gleichzeitig erweisen sich Simulationsmodelle als deutlich effizienter hinsichtlich der Auflösung einzelner Effekte in komplexen Systemen. Schließlich stellt die gekoppelte Simulation des Antriebsstrangs, des Kühlsystems, der Batterie, des Kältemittelkreislaufs und der beteiligten Regelungsmechanismen eine zielführende Methode zur Bewertung der thermischen und elektrischen Interaktion in einem elektrifizierten Fahrzeug dar. Das Thermomanagement von Batteriesystemen ist somit ein interdisziplinäres Beispiel für die Entwicklungsarbeit in der Automobilindustrie dar.

Abstract

In order to meet the more stringent requirements regarding the CO_2 emissions of passenger cars, the electrification of the powertrain is being increasingly driven forward. Plug-in hybrids are a combination of electric drive and conventional internal combustion engine designed for electric traction for short stretches and hybrid traction for longer ranges. For sports cars the additional output of the electric motors represents an opportunity to further enhance performance on the race track and at the same time boost efficiency. Lithium-ion batteries are the core components of the electric powertrain and therefore one of the main areas of today's development efforts. The performance and energy density of this battery technology is superior to that of existing nickel metal hydride batteries, but it is more demanding in terms of the thermal operating conditions.

In what follows, the need to provide cooling for lithium-ion batteries in vehicles is explained and a simulative method of forecasting the temperature of the battery and its interaction with the cooling system in the vehicle is presented. In the vehicle, the battery system can be cooled through the use of air, coolants and refrigerants. The aims of the thermal management system include ensuring that the thermal limits are respected and that the systems concerned are efficiently regulated through targeted control of the active components in the cooling system. The battery system communicates not only with the powertrain but also (via the battery management system) through a two-way link to the connected cooling system and refrigerant circuit. Mapping these interactions is another goal of the present dissertation, through the application of coupled simulation methods.

The approach adopted uses a combination of a refrigerant circuit and a coolant circuit to regulate the temperature of the battery system. The thermodynamic properties and interactions between the circuits are mapped in 1D simulation tools and communicate with the simulation environment via a neutral software instance for the purpose of synchronization and to exchange the necessary input and output data. The quality of simulation of the two models is investigated at stationary operating points and compared with existing measured values. Transition from stationary to transient models is by means of speed-dependent airflow curves as well as through the modelling of compressor speed regulation in the refrigerant circuit and pump regulation in the coolant circuit.

The battery model is the key item in the simulation environment. Building on existing modelling approaches, the waste heat characteristics of the battery are studied based on individual measurements and transposed into a modular simulation model. A terminal voltage model of the battery enables the (heat) losses to be calculated using the resting potential of the individual cells. Based on a numerical optimization process, the parameters of the analogous model are identified by resolving the first-order linear differential equation system. Irreversible and reversible effects of the heat release (generated through endo- and exothermic reactions) must be taken into account in order to chart the temperature curves over time, particularly at low electrical loads. The efficiency and performance of the battery are directly related to temperature. At higher temperatures efficiency increases, although aging effects and safety considerations cap the temperature range, while at lower temperatures efficiency fades and the battery does not charge as readily. Along with the absolute temperature of the cells and the battery, temperature homogeneity represents a further key input value for the battery management system. The temperature spread within a battery can lead to asymmetrical aging of the individual cells.

Based on a synthetic load profile, the profile of an urban journey and two racetrack profiles, the electro-thermal battery model is validated at cell level, at modular level and in the vehicle. At individual cell level, the findings indicate good correspondence between the simulated electrical and thermal values and the measured data. The modular test shows accurate mapping of the temperature spread between the cells as well as correct indication of the maximum battery temperatures. In addition to the electrical and thermal values for the cells, the battery module also enables the heat flow to the coolant to be calculated, delivering a further important indication of the quality of simulation. In the vehicle test the dynamically operated coolant and refrigerant circuit represents an important boundary condition whose impact is also studied. The vehicle test also shows good correspondence between simulation and measured values.

The findings show that the combination of a terminal voltage model and a two-dimensional thermal multi-mass model already enables detailed conclusions to be drawn regarding the abovementioned interactions. Determining the electrical parameters calls for highly dynamic investigations over a wide range of load conditions and temperatures, making this method both more costly and more time-consuming. In the future, physical-chemical simulative studies based on a knowledge of the inner structures and materials used in the individual cell could accelerate this process. In thermal modelling the increased use of three-dimensional numerical models provides an effective means of generating abstracted thermal models of the battery and thereby arriving at more rapid conclusions in the simulation environment. This approach is particularly effective in the case of cooling configurations with multiple heat transfer paths. Developing this further, a combination of three-dimensional thermally and electrically discrete models can show more detailed effects such as uneven charge and current density distribution in the electrode stack and enable the evaluation of thermal countermeasures.

At a later point, the simulation environment is used to predict the thermoelectric interactions in the battery in driving cycles designed to assess fuel consumption. The focus in this respect is on the vehicle range in all-electric mode and the accompanying rise in battery temperature. In ambient temperatures below the target temperature, the battery temperature remains uncritical, while at high starting and ambient temperatures the conditioning of the battery has a negative impact on the range of the vehicle. At high ambient temperatures the air-conditioning of the cabin requires a major proportion of the available electrical capacity and is mapped with the aid of a specification based on values from the literature. The temperature of the battery, however, is barely impacted by the additional power take-up, as higher battery currents counteract a more rapid fall in charge level and in some cycles the rise in temperature is actually slowed.

Varying the ambient, starting and target temperature reveals their impact on the vehicle's all-electric range and on the mean battery temperature. The conditioning of the battery when charging can have a positive effect on the achievable all-electric range. At the same time, the temperature range of the battery over time can prove far more homogenous, which has a positive impact on aging. The target temperature of the battery should represent the optimum compromise between efficiency and aging, dependent in each case on the chosen type of battery and its application. Reducing the target temperature increases the thermal load and has a negative impact on the achievable range. In particular a combination of higher starting temperature and lower target temperature reduces the electrically achievable range.

Another application for the coupled simulation environment lies in the rapid evaluation of cooling concepts. The example of a low temperature radiator integrated into the concept shows the operating range as a function of the ambient temperature and the advantages this presents compared to the use of the refrigerant circuit alone. The low temperature radiator only presents an advantage in terms of vehicle range within a small temperature bracket, as with falling ambient temperatures the efficiency of the refrigeration circuit increases, and the power loss in the battery is very low in these driving cycles.

An aging battery is indicated by a reduction in capacity and a rise in internal resistance. However, this condition cannot be quantified precisely, so that further assumptions must be made in order to describe the impact of aging on the battery. The influence of an aging battery on the electrically achievable range and the power losses occurring are investigated using the example of an urban journey. At high ambient temperatures the negative impact of the inner resistance on the vehicle's range is shown to increase, with a linear correlation between the change in capacity and the drop in range. Within the load profile considered, however, the battery temperature can invariably be considered non-critical.

Operation on the racetrack presents an important design consideration for the cooling system of a sports car. For a battery system in particular, the quadratic relationship between power losses and electric current illustrates the need to evaluate these profiles. Based on two track profiles and two operating modes – depleting and sustaining charge – the impacts on the maximum, minimum and mean temperatures and on the homogeneity of the temperature are studied. In depleting charge mode, high discharge currents and the resultant increases in temperature are visible. In real-life operation a combination of the two operating modes occurs in order to be able to call up a constant power output and have reserves available for short peak output requirements.

In the study of racetrack operation, the starting, ambient and target temperatures are varied. In all cases it emerges that the cooling system can maintain the battery within its thermal operating limits. The electrical power take-up of the cooling system shows marked differences depending on whether the basic cooling variant or the maximum cooling variant with reduced inlet temperature is selected. The temperature spread within the battery varies strongly depending on the inlet temperature and the thermal connection between the individual cells and the cold plate. This effect needs to be taken into account when selecting the necessary coolant volume flows, admissible inlet temperatures and the design of the battery.

The battery management system links the cooling system to the battery model and thus has a major impact on electrical energy uptake and the thermal behaviour of the battery. Providing numerical support for the application and design of the regulation model enables numerous parameters to be evaluated early on. For the simulative evaluation of test drives it is also essential to map this regulating behaviour, in order to be able to evaluate the impact of peripheral conditions that deviate from the reference state. Thus, for example, unlike surface or fluid temperatures in the vehicle, the battery temperature cannot be calculated based on a divergent ambient temperature, because the interaction of the regulation system with the battery system is not linear.

The findings of this dissertation show the essential nature of close coordination of simulative and empirical tools in the vehicle development process. The evaluation of cooling concepts is largely dependent on the empirical input variables of the battery, while at the same time simulation models prove to be far more efficient in terms of the resolution of individual effects within complex systems. Ultimately, the coupled simulation of the powertrain, the cooling system, the battery, the refrigeration circuit and the regulating mechanisms involved represents an effective method of evaluating the thermal and electrical interaction in an electrified vehicle. The thermal management of battery systems thus represents an interdisciplinary example of development work within the automobile industry.

1 Einleitung und Zielsetzung

Im Jahr 2009 verordnete das Europäische Parlament [39] Grenzwerte für den CO_2 Flottenausstoß in der Automobilindustrie. Um die Vorgaben von maximal 130 gCO_2/km ab 2015 und 95 gCO_2/km ab 2020 zu erfüllen, werden seitens der Automobilhersteller seither immer effizientere Kraftfahrzeuge und Antriebskonzepte vorgestellt. Entwicklungen wie der Trend zu höher aufgeladenen Verbrennungsmotoren oder der verstärkte Einsatz von Leichtbautechniken reduzieren den CO_2 Ausstoß von Kraftfahrzeugen bereits nachhaltig. Um jedoch die Zielwerte bis 2020 zu erfüllen, spielt die Elektrifizierung des Antriebsstrangs eine entscheidende Rolle. Dabei bietet der elektrifizierte Antriebsstrang neben der Möglichkeit zur Senkung der Schadstoffemissionen auch das Potenzial zur Steigerung der Leistungsfähigkeit eines Kraftfahrzeugs. Besonders für Sportwagen ist dieser Aspekt der Elektrifizierung interessant. In Abhängigkeit des Elektrifizierungsgrads können sich dabei jedoch das Gewicht, die Kosten und die Systemkomplexität nachteilig auswirken. Der elektrische Energiespeicher in Form der Traktionsbatterie stellt die Schlüsselkomponente im elektrischen Antriebsstrang dar. Für die Traktionsbatterien gelten erhöhte Anforderungen an die thermischen Betriebsbedingungen, die sich ergeben aus thermischen Einflussfaktoren auf die Langlebigkeit und Sicherheit des Batteriesystems. Die Batterie muss bereits früh in der Entwicklung des Gesamtfahrzeug-Thermomanagementsystems berücksichtigt werden, da das Kühlsystem weitreichenden Einfluss auf das Fahrzeug hat. Kommen beispielsweise separate Kühler zum Einsatz, müssen diese konstruktiv und aerodynamisch integriert werden. Außerdem spielt die Einbaulage der Batterie im Fahrzeug eine entscheidende Rolle für den Entwurf des Kühlsystems und dessen Komponenten.

Ziel dieser Arbeit ist die Entwicklung und Validierung einer Methode zur Simulation des Thermomanagements einer Lithium-Ionen-Batterie im Hinblick auf das Gesamtfahrzeug. Thermische Wechselwirkungen des Batteriesystems mit dem Gesamtfahrzeug sollen anhand eines gekoppelten Simulationsnetzwerks analysiert und bewertet werden. Hierzu werden Teilmodelle auf Basis von Komponentendaten und experimentellen Untersuchungen aufgebaut und verknüpft. Die thermisch relevanten Einflussgrößen auf die elektrisch erzielbare Reichweite und die maximale Leistungsfähigkeit werden anschließend mit der erarbeiteten Methode identifiziert.

Zur Beschreibung des Temperaturverhaltens der Traktionsbatterie dient ein thermoelektrisches Modell erstellt. Auf Basis von Einzelzellmessungen und Batteriemodulmessungen erfolgt die thermische und elektrische Validierung der Methode für einen großen Anwendungsbereich. Für das Thermomanagementsystem werden detaillierte eindimensionale Simulationsmodelle des Kühlsystems, des Kältemittelkreislaufs und des Batteriemanagementsystems erstellt und anhand Prüfstandsmessungen validiert. Die einzelnen Teilmodelle werden mit Hilfe der Methode der gekoppelten Simulationsmodelle verbunden und die Wechselwirkungen der Systeme abgebildet. Anhand von Fahrzeugmessungen wird das Zusammenspiel der Teilmodelle untersucht und validiert. Die Auswirkungen von Thermomanagement-Maßnahmen und Umgebungsbedingungen auf die elektrisch erzielbare Reichweite in verbrauchsrelevanten Fahrzyklen werden simulativ beurteilt. Die Bewertung des Rennstreckeneinsatzes für ein Batteriesystem erfolgt auf Basis verschiedener Streckenprofile und Randbedingungen.

2 Stand der Technik und Grundlagen von Lithium-Ionen-Batterien

Im Folgenden werden aktuelle Konzepte elektrifizierter Antriebsstränge vorgestellt. Je nach Anwendungsfall kommen unterschiedliche Batteriesysteme zum Einsatz, von denen zwei davon hier diskutiert werden. Desweiteren soll auf die Grundlagen von Lithium-Ionen-Batterien näher eingegangen werden. Hierbei liegt der Fokus auf der simulativen Beschreibung von Lithium-Ionen-Batterien und ihrer thermischen Eigenschaften. Weitere wichtige Aspekte sind die Integration in das Gesamtfahrzeug und die Anbindung an die unterschiedlichen Kühlsysteme.

2.1 Antriebskonzepte und Batteriesysteme

Bei Fahrzeugen mit Traktionsbatterien wird zwischen rein-elektrischen Fahrzeugen und hybriden Antriebssträngen unterschieden [55,123]. Bei rein-elektrischen Fahrzeugen wird die notwendige Antriebsleistung allein durch die Traktionsbatterie abgedeckt, die über die Leistungselektronik die Elektromotoren speist. Nach Lindemann [79] übernimmt die Leistungselektronik zum einen die Aufgabe, den Gleichstrom der Batterie in Wechselstrom für die Elektromotoren umzurichten. Zum anderen erfolgt die Wandlung des Hochvoltnetzes auf das Spannungsniveau des Niedervoltnetzes, um diese Verbraucher zu versorgen.

Wird eine erhöhte Reichweite von Elektrofahrzeugen gefordert, kommen häufig sogenannte „Range-Extender" zum Einsatz [124]. Dabei lädt eine Verbrennungskraftmaschine im Fahrbetrieb bei Bedarf die Traktionsbatterie über einen zusätzlichen Generator auf, wodurch über einen optimierten Betriebspunkt der Wirkungsgrad der Verbrennungskraftmaschine gesteigert werden kann. Nach Tschöke [124] handelt es sich beim Elektrofahrzeug mit Range-Extender definitionsgemäß um einen seriellen Hybrid im elektrischen Modus.

Nach Hofmann [55] lassen sich Hybridfahrzeuge in mehrere Klassen unterteilen, dabei wird prinzipiell zwischen seriellen, parallelen und leistungsverzweigten Hybridfahrzeugen unterschieden. Eine weitere Unterscheidung bildet der Hybridisierungsgrad nach Micro-, Mild-, Full-, und Plug-in-Hybriden [68]. Mit Micro-Hybriden ist kein rein-elektrisches Fahren möglich. Mild-Hybride ermöglichen das elektrische Fahren mit einer Antriebsleistung kleiner 15 kW [55]. Dagegen zeigen Full-Hybride deutlich höhere Leistungswerte und daher auch höhere Spannungslagen der Batterie, um die Verluste zu reduzieren. Die Traktionsbatterie im Plug-in-Hybrid kann extern geladen werden, wodurch hohe Leistungen und große rein-elektrisch erzielbare Reichweiten zur Verfügung stehen. Der elektrische Antriebsstrang dieses Hybrid-Typs ist in **Bild 1** dargestellt.

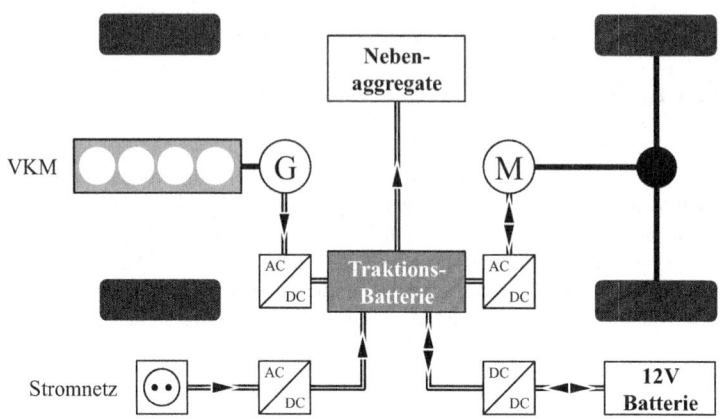

Bild 1: Elektrischer Antriebsstrang eines PHEV mit zentral dargestellter Hochvolt-Batterie sowie externer Lademöglichkeit und Anbindung an das 12 V-Bordnetz (Vgl. Hofmann [55]).

Die Traktionsbatterie speist neben dem Elektromotor auch die elektrischen Nebenaggregate und über einen Spannungswandler das 12 V-Bordnetz. Das Bordnetz versorgt die zum Kühlsystem gehörenden Lüfter und Pumpen mit Strom, wodurch besonders der Lüftereinsatz einen Einfluss auf die Energiebilanz des Thermomanagements hat. Der Elektromotor kann dabei zur Rekuperation der Bremsenergie oder zur Unterstützung bei Beschleunigungsvorgängen eingesetzt werden. Im elektrischen Fahrmodus stellt der Elektromotor allein die notwendige Leistung zur Verfügung. Nach Wiedemann [133] wird die effektive Motorleistung eines Personenkraftwagens anhand der Hauptgleichung des Kraftfahrzeuges

$$P_e = P_{VT} + P_S + P_R + P_{LW} + P_{St} + P_a \qquad (2\text{-}1)$$

bestimmt. Die effektive Motorleistung P_e setzt sich aus der Triebstrangverlustleistung P_{VT}, der Schlupfverlustleistung P_S, der Rollwiderstandsleistung P_R, der Luftwiderstandsleistung P_{LW}, der Steigleistung P_{St} und der Beschleunigungsleistung P_a zusammen. Dadurch muss die Traktionsbatterie hohe Spitzenlasten, aber auch hohe Grundlasten abgeben und hohe Spitzenlasten aufnehmen können. Im Folgenden wird die effektive Motorleistung als Antriebsleistung bezeichnet.

Bei hohen Umgebungstemperaturen stellt besonders die Kälteanlage eine hohe Grundlast dar [46]. Zur Erreichung der gewünschten Innenraumtemperatur und Feuchte muss der Luft mit Hilfe des Verdampfers Wärme entzogen werden. Nach Großmann [46] setzt sich die Verdampferleistung in einem stationären Betriebspunkt aus der Summe der latenten Wärmeströme (Kondensatbildung) und der sensiblen Wärmeströme (Temperaturänderung) zusammen. Für ein Fahrzeug des B-Segments werden bis zu $\dot{Q}_{KMV} = 7$ kW an notwendiger Verdampferleistung genannt. Diese Verdampferleistung resultiert in einer Leistungsaufnahme des Kältemittelkompressors von $P_{KMK,mech} \approx 2$ kW (bei einer angenommenen Leistungsziffer $\varepsilon_K = 3$).

Hofmann [55] nennt eine mittlere notwendige elektrische Antriebsleistung von $P_{A,el} \approx 5$ kW bei $v_{ref} = 50$ km/h konstant. Hierdurch zeigt sich der hohe Anteil von 40 % der Leistungsaufnahme des Kompressors an der Antriebsleistung. Im rein-elektrischen Modus bei niedrigen Umgebungstemperaturen muss auch die Heizung über die Traktionsbatterie gespeist werden. Die Abwärme der Verbrennungskraftmaschine kann hierfür nicht in vollem Umfang genutzt werden. Untersuchungen zur Reduzierung dieser Verbraucher werden in der Literatur beispielsweise durch Klassen et al. [72] oder Beetz et al. [12] vorgestellt.

Bei der Entwicklung von Traktionsbatterien spielen neben den elektrischen Leistungsforderungen auch Sicherheitsaspekte, das Gewicht, das Package, die Kosten und das Thermomanagement eine entscheidende Rolle. Traktionsbatterien für den Fahrzeugeinsatz lassen sich in mehrere elektrochemische Batterietypen einteilen. Während Blei-Akkumulatoren heute nur als Starterbatterien eingesetzt werden, stellen die Nickel-Metall-Hydrid-Batterien (NiMH) sowie die Gruppe der Lithium-Ionen-Batterien die derzeit wichtigsten Traktionsbatterien im Automobilbau dar. Beide Systeme weisen temperaturabhängige Leistungs- und Kapazitätseigenschaften auf. Die NiMH-Batterie wird besonders in Mild- und Full-Hybrid (Bsp.: Porsche „Cayenne S Hybrid" [30] Baujahr 2010) eingesetzt. Beim Umstieg auf Plug-In-Hybride (Bsp.: Porsche „Panamera S E-Hybrid" [31] Baujahr 2013) und Elektrofahrzeuge (Bsp.: Tesla „Roadster" [117] Baujahr 2008-2012) ist die Lithium-Ionen-Batterie aufgrund der höheren Energiedichte jedoch vorzuziehen [34]. **Bild 2** zeigt das *Ragone*-Diagramm (Darstellungsform nach D. Ragone [101]) der gravimetrischen Leistungs- und Energiedichte unter anderem von Lithium-Ionen-Batterien und NiMH-Batterien.

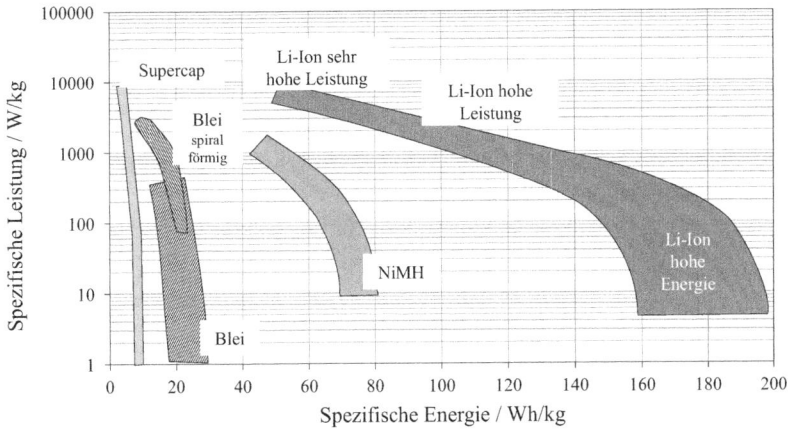

Bild 2: *Ragone*-Diagramm der Leistungs- und Energiedichte von Lithium-Ionen-Batterien und NiMH-Batterien sowie weiterer Batterietechnologien (Vgl. Kowal [74]).

Lithium-Ionen-Batterien werden in die drei Klassen der sehr hohen Leistung, der hohen Leistung und der hohen Energie eingeteilt und weisen eine Energiedichte von bis zu 190 Wh/kg auf. NiMH-Batterien können nach Karden [69] maximal 80 Wh/kg an Energie speichern. Durch die höhere Spannung von Lithium-basierten Batterien ist außerdem die spezifische Leistung gegenüber NiMH-Batterien deutlich erhöht. Die volumetrische Energiedichte hängt besonders von der Bauform der Einzelzelle ab. Sogenannte „Pouch"- (*engl.* Beutel) Zellen weisen die höchste Energie- und Leistungsdichte auf, da wenig Gewichtsbeitrag durch die Hülle und die Stromkollektoren entsteht.

Heutige Hybridfahrzeuge verwenden Hochvolt-Bordnetze, deren Spannungsniveau zwischen 200 V und größer 400 V [123] liegt. Das Spannungsniveau ist bestimmt durch die Elektromotoren. Eine geringe Differenz der Batteriespannung zur Nominalspannung der Elektromotoren verringert den Bedarf zur stark verlustbehafteten Umwandlung der Spannungen in der Leistungselektronik [55]. Aus der Reihenschaltung mehrerer Zellen wird die benötigte Batteriespannung gebildet. Die Parallelschaltung von Zellen ergibt eine höhere Kapazität, da der Strom pro Zelle reduziert werden kann. Somit ergibt sich eine hohe Variation der resultierenden Zellanzahl je nach Einsatzzweck. Wind [134] und Berdichevsky [15] nennen Zellanzahlen zwischen 35 Zellen im Mercedes Benz „S400 Hybrid" (Baujahr 2009) und 6831 Zellen im Tesla „Roadster" (Baujahr 2008). Dies verdeutlicht die starke Spreizung der Größen und Anwendungsfelder von Traktionsbatterien. Der Mercedes Benz „S400 Hybrid" verwendet eine kältemittelgekühlte Lithium-Ionen-Batterie (vgl. Flik [13]) mit einer Kapazität von 0,82 kWh bei einem Gesamtgewicht von 23,5 kg und einer elektrischen Leistung des Elektromotors von 15 kW [134]. Die geringe Zellenanzahl resultiert zusammen mit der geringen Kapazität in einer hohen spezifischen elektrischen Stromrate (C-Rate / Strom pro Einzelkapazität [A/Ah]). Diese spezifische Last sorgt zusammen mit der hohen Zyklisierung der Batterie für einen hohen Kühlbedarf.

Nach Berdichevsky [15] greift der Tesla „Roadster" auf eine flüssigkeitsgekühlte Lithium-Ionen-Batterie mit 53 kWh Kapazität und 450 kg Gewicht zurück, die elektrische Antriebsleistung liegt bei maximal 200 kW. Durch die hohe Zellanzahl sinken die spezifische Last und damit die elektrischen Verluste.

Pesaran et al. [96] wiesen bereits frühzeitig die Notwendigkeit der Kühlung und Heizung von Traktionsbatterien speziell für Hybrid-Fahrzeuge aus. Die Kühlung ermöglicht den sicheren Betrieb bei hohen Umgebungstemperaturen und sorgt für eine gleichbleibende Leistungsfähigkeit über die Betriebsdauer. Die Heizung der Batterie verbessert besonders die Leistungsaufnahme und Leistungsabgabe bei Temperaturen unter 0 °C [97]. Für das Thermomanagement kommen in diesem Zusammenhang unterschiedliche Systeme zum Einsatz, die sich nach Zelltyp und Leistungsanforderung unterscheiden [13,132]. **Bild 3** zeigt das Batteriesystem des Porsche „Panamera S E-Hybrid" [31] mit vier parallel verschalteten Kühlplatten, die über den Fuß der prismatischen Einzelzellen angebunden werden. Die Parallelschaltung der Kühlplatten reduziert die Temperaturdifferenz innerhalb der Batterie und senkt die Druckverluste. Prismatische Zellen ermöglichen eine einfache thermische Kontaktierung über die ebenen Flächen.

2.2 Lithium-Ionen-Batterietechnologie

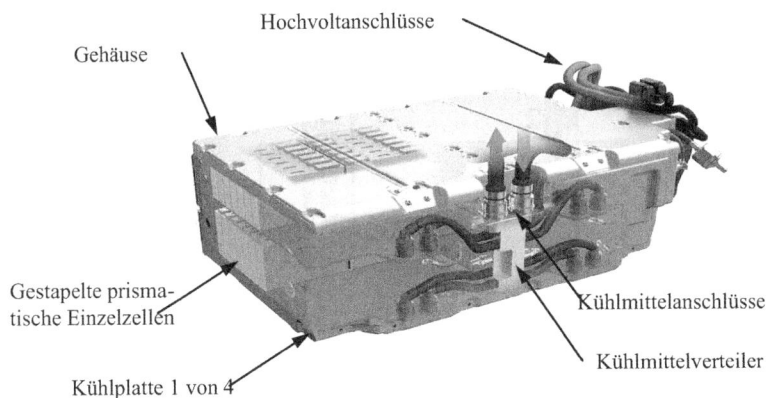

Bild 3: Lithium-Ionen-Batteriesystem des Porsche „Panamera S E-Hybrid" bestehend aus prismatischen Zellen, die auf vier Kühlplatten angeordnet sind (Bild nach [31], Anmerkungen: eigene Darstellung).

Im **Kapitel 2.2** wird auf die Notwendigkeit der Kühlung und die daraus abgeleiteten Anforderungen für Lithium-Ionen-Batterien näher eingegangen.

2.2 Lithium-Ionen-Batterietechnologie

Die Lithium-Ionen-Batterie mit nicht-wässrigen Bestandteilen wurde erstmals 1991 durch Sony vorgestellt [91]. Eine Lithium-Ionen-Zelle besteht aus einem Elektrodenpaar, einem nicht-wässrigen, aber Ionen-leitfähigen Elektrolyt und einem Separator [67]. Der Separator verhindert einen internen Kurzschluss der beiden Elektroden. Im Elektrolyt werden die Lithium-Ionen von der einen Elektrode zur anderen geleitet. Im Entladefall wird das Aktivmaterial der Anode (neg. Elektrode) oxidiert, während das Kathoden-Aktivmaterial (pos. Elektrode) reduziert wird. Der Elektrodenfluss wird über den Elektrolyt und die Verbraucher an den Polen der Batterie geschlossen. Die Aktivmaterialien werden dabei auf jeweils einen Stromkollektor aufgebracht, der den Strom an die Pole ableitet. Beim Laden der Zelle ergibt sich eine Umkehr der Stromrichtung, wodurch sich die elektro-chemischen Prozesse an der positiven und negativen Elektrode umkehren. **Bild 4** zeigt den Elektrodenfluss und die Reaktionsrichtung nach Jossen [67] in einem Elektrodenpaar einer Lithium-Ionen-Zelle bei Entladung. Definitionsgemäß ist die Anode die negative Elektrode und die Kathode die positive Elektrode.

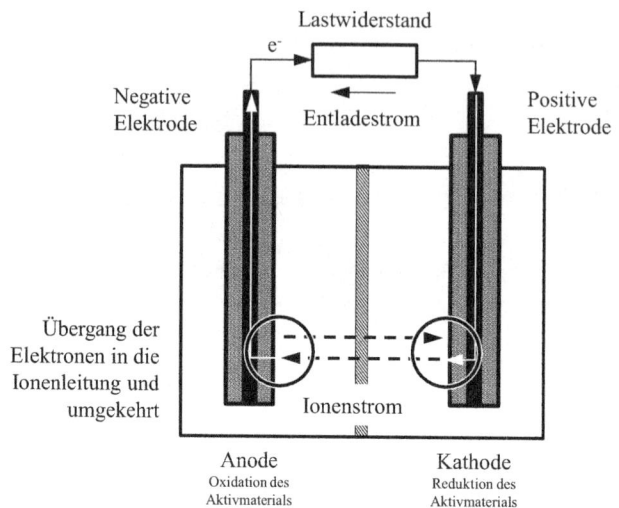

Bild 4: Entladung einer Lithium-Ionen-Zelle mit Übergang der Ionenleitung in die Elektrodenleitung in den Stromkollektoren (Vgl. Jossen [67]).

Der Ladezustand (*engl.* State Of Charge)

$$SOC = \frac{Q}{Q_{nom}} \qquad (2\text{-}2)$$

bezeichnet die relative verbleibende Kapazität bezogen auf den Nominalwert der Kapazität. Der Entladezustand (*engl.* Depth Of Discharge)

$$DOD = 1 - SOC \qquad (2\text{-}3)$$

berechnet sich aus dem Ladezustand (2-3). Die entnommene Ladungsmenge aus einer Zelle

$$Q = \int_0^{tend} I \, dt \qquad (2\text{-}4)$$

wird über das zeitliche Integral des fließenden Stromes I (2-4) berechnet.

Nach Jossen [67] stellt sich an einer Zelle im stromlosen Zustand die Ruhespannung OCV (*engl.* Open Circuit Voltage) ein. Diese hängt maßgeblich vom Ladezustand ab, wobei sich Unterschiede in Niveau und Charakteristik verschiedener Aktivmaterialien zeigen. Eine Batterie mit Lithium-Eisenphosphat als Kathodenmaterial zeigt nach Roscher und Sauer [107] einen Bereich nahezu konstanter Ruhespannung. Nishi [91] und Park [93] dagegen weisen für

2.2 Lithium-Ionen-Batterietechnologie

Lithium-Mangan-Oxid und Lithium-Cobalt-Oxid basierte Batterien einen streng monoton steigenden Ruhespannungsverlauf bei zunehmendem Ladezustand aus. Nach Flanagan et al. [100] zeigt sich bei elektrochemischen Prozessen ein Hysterese-Effekt, welcher in einer Variation der Ruhespannung zwischen Lade- und Entladebetrieb resultiert. Nach Roscher et al. [106] sowie Zheng und Dahn [136] zeigt sich dieser Hysterese-Effekt besonders bei Lithium-Ionen-Batterien mit Graphit als Anode und Lithium-Eisenphosphat als Kathode. Nach Roscher und Sauer [107] müssen diese Effekte im elektrischen Simulationsmodell berücksichtigt werden, um eine korrekte Abbildung des Spannungsverlaufs der Zelle zu erhalten. Aus diesem Grund muss bei den nachfolgenden Untersuchungen die Ruhespannung für die Entladung und Aufladung der Zelle untersucht werden.

Um die verlustbehafteten Lade- und Entladevorgänge an einer Einzelzelle untersuchen zu können, wird die Klemmspannung bei Anlegen eines Stromes betrachtet. Im belasteten Zustand weicht die Klemmspannung von der Ruhespannung ab. Nach Jossen [67] teilt sich dieser Spannungsabfall in die Komponenten der ohmschen Überspannung, Durchtrittsüberspannung, Diffusionsüberspannung und Kristallisationsüberspannung auf. Zur Beschreibung der Verlustcharakteristik einer Zelle müssen diese Effekte mit Hilfe eines elektrischen Ersatzmodells abgebildet werden. Den Verlusten liegen unterschiedliche physikalische Phänomene zugrunde, zudem sind sie teilweise abhängig von der Belastungsdauer.

Die ohmsche Überspannung ergibt sich aus dem ohmschen Widerstand der Stromkollektoren und der verwendeten Materialien. Sie zeigt sich als unstetiger Spannungssprung bei Anlegen eines Strompulses. Nach Jossen [67] wird durch Polarisation ein Ladungsdurchtritt in Form von Hin- und Rückreaktionen in den Aktivmaterialien ausgelöst, die wiederum eine sich ändernde Durchtrittsüberspannung verursacht. Der Effekt der Doppelschichtkapazität zwischen Elektrolyt und Elektrode bewirkt eine Durchtrittsüberspannung analog des Verhaltens eines Zeitglieds erster Ordnung. Die Diffusionsüberspannung resultiert aus einer Ionen-Konzentrationsdifferenz zwischen Elektrolyt und dem Ort des Ladungsdurchtritts. Die Diffusion wirkt dieser Konzentrationsdifferenz entgegen. Auf die Kristallisationsüberspannung geht Jossen [67] nicht näher ein.

Aus den genannten Überspannungseffekten und den Ruhespannungscharakteristika ergeben sich stark variierende nutzbare Ladungsmengen der Einzelzelle. Zum Schutz der Lithium-Ionen-Batterie müssen die Entlade- und Ladeschlussspannung im Betrieb stets eingehalten werden. Nach Spotnitz [113] kann ein Betrieb außerhalb dieser Spannungsgrenzen zu irreversiblen Beschädigungen führen. Dies muss in den folgenden Untersuchungen und Simulationen berücksichtigt werden.

Die Verlustleistung einer Batterie berechnet sich insbesondere aus der Spannungsdifferenz zwischen Ruhespannung und Klemmspannung. Bernardi et al. [16] formulieren eine allgemeine Energiebilanz für Batterien, um deren thermisches Verhalten untersuchen zu können.

Bei der Herleitung der vereinfachten Formulierung für die Verlustleistung

$$\dot{Q} = \underbrace{\left(IU - \sum_i I_i\, OCV_{i,m} \right)}_{\dot{Q}_{irrev}} + \underbrace{\sum_i I_i\, T \frac{\partial OCV_{i,m}}{\partial T}}_{\dot{Q}_{rev}} \quad (2\text{-}5)$$

werden eine homogene Temperaturverteilung und konstante Stoffdaten vorausgesetzt. Außerdem wird von Vorgängen ohne Phasenumwandlung ausgegangen und Mischungsenthalpien werden vernachlässigt. Der erste Term beinhaltet den irreversiblen Wärmestrom $\dot{Q}_{irrev}$ aufgrund von Überspannungen in der Zelle. Durch die Stromabhängigkeit der Überspannungen ergibt sich ein quadratischer Zusammenhang zwischen der Verlustleistung und dem anliegenden Strom. Der zweite Term repräsentiert den reversiblen Wärmestrom $\dot{Q}_{rev}$ basierend auf dem Temperaturgradienten der Ruhespannung. Der reversible Wärmestrom ist Ursache von exothermen und endothermen Reaktionen innerhalb der Batterie bei Ladung und Entladung. Thermodynamisch lassen sich die thermochemischen Reaktionen als reversibler, stationärer Prozess in einem geschlossenen System darstellen. Für dieses System stellt sich nach Baehr und Kabelac [9] der Entropiestrom

$$\dot{S} = \frac{\dot{Q}_{rev}}{T} \quad (2\text{-}6)$$

ein, wenn das System als Phase betrachtet wird (Temperatur räumlich konstant). Nach Viswanathan et al. [131] lässt sich dieser Ausdruck auch über die Entropiedifferenz

$$\dot{Q}_{rev} = T \Delta S \frac{I}{nF} \quad (2\text{-}7)$$

unter Verwendung der Faraday-Konstante F und der Anzahl der beteiligten Elektronen n ausdrücken. Die Entropiedifferenz

$$\Delta S = (\Delta H - \Delta G)/T \quad (2\text{-}8)$$

resultiert nach Beschreibung der Enthalpiedifferenz ΔH und der freien Energiedifferenz ΔG durch das reversible Zellpotenzial OCV (siehe Gibbard [44]) in der Formulierung

$$\Delta S = nF \frac{\partial OCV}{\partial T} \quad (2\text{-}9)$$

nach Viswanathan et al. [131].

Nach Gu und Wang [47] folgt aus (2-5) die Vereinfachung

$$\dot{Q} = I\left(U - OCV + T\frac{\partial OCV}{\partial T} \right) \quad (2\text{-}10)$$

unter Annahme nur einer treibenden Reaktion, keiner räumlichen Konzentrationsunterschiede und räumlich konstanter Potenzialdifferenzen. Rao und Newman [102] weisen eine beschränkte Anwendbarkeit von (2-10) für Zellen mit langen Ruhephasen aus.

2.2 Lithium-Ionen-Batterietechnologie

Der an die Umgebung abgeführte und infolge der Wärmekapazität aufgenommene Wärmestrom

$$\dot{Q} = -\left[\alpha A(T-T_{\text{Umg}}) + mc\frac{\partial T}{\partial t}\right] \quad (2\text{-}11)$$

ist dabei der berechneten Verlustleistung der Zelle (2-10) gleichzusetzen. Die simulationstechnische Umsetzung dieser Gleichungen ist Inhalt des **Kapitels 2.3**.

Infolge der Temperaturabhängigkeit der Überspannungen zeigt sich ein Einfluss der Temperatur auf die Leistungsfähigkeit und die Kapazität der Lithium-Ionen-Batterie. Bei steigender Temperatur sinken die Verluste aufgrund der erhöhten Reaktionsgeschwindigkeiten. Hinsichtlich der Ladung nennen Lu et al. [81] für kommerzielle Batterien einen Temperaturbereich zwischen 0 °C und 45 °C für das Laden und einen Bereich zwischen - 20 °C und 55 °C für die Entladung. Besonders bei niedrigen Temperaturen unter – 10 °C kommt es nach Zhang et al. [135] zu einer deutlichen Reduktion der Kapazität der Zelle, gleichzeitig steigt der Innenwiderstand der Zelle stark an. Neumeister et al. [88] nennen für den Betrieb eine maximal zulässige Temperatur von 40 °C, wobei Lu et al. [81] von bis zu 55 °C ausgehen. Neumeister et al. [88] berücksichtigen auch Alterungseffekte, bei Lu et al. [81] werden diese nicht genannt.

Zum einen wirken sich zu hohe Betriebstemperaturen nach Spotnitz et al. [113] bereits kurzfristig schädigend auf Lithium-Ionen-Batterien aus. Aufgrund beschleunigter Alterungsprozesse zeigen sich zum anderen auch langfristige negative Auswirkungen. Nach Fellberg [40] zeigt sich die Alterung von Lithium-Ionen-Zellen als eine Kombination aus der Zunahme der Zellimpedanz, einer Abnahme der Kapazität und des Rückgangs der Leistungsfähigkeit.

Amine et al. [3] untersuchten das Alterungsverhalten von Batterien mit Lithium-Eisenphosphat Kathoden bei erhöhten Temperaturen. Dabei stellte sich nach 100 Zyklen bei 55 °C mit einer 3 C-Rate eine relative Kapazitätsminderung von 70 % gegenüber des Referenzzustands ein. Als Hauptursache konnte die verstärkte Ausbildung einer „solid electrolyte interphase" (SEI nach Peled [95]) Grenzschicht an der Graphitanode als Hauptursache ausgewiesen werden [3]. Bei einer Zyklisierung bei 25 °C zeigte sich keine nennenswerte Alterung.

Laut Bandhauer et al. [10] sind die Alterungsprozesse und ihre thermischen Abhängigkeiten nicht eindeutig geklärt, jedoch ist definitiv ein negativer Temperatureinfluss bei erhöhten Temperaturen zu verzeichnen. Dies bestätigen die Untersuchungen von Vetter et al. [130], die die Alterungsmechanismen von Lithium-Ionen-Batterien größtenteils Temperaturen über 23 °C zuordnen. Fellberg [40] untersuchte die Alterung von Nickel-Kobalt-Aluminium-Oxid, Lithium-Eisenphosphat und Nickel-Mangan-Kobalt Kathoden und stellte einen alterungsbeschleunigenden Beitrag von Zelltemperaturen über 23 °C fest. Außerdem konnte bei diesen Untersuchungen im Inneren von gewickelten Zellen eine beschleunigte Alterung durch erhöhte Temperaturgradienten nachgewiesen werden.

Auch niedrige Temperaturen zeigen einen negativen Einfluss auf die Alterung von Lithium-Ionen-Zellen. Nach Fellberg [40] dominiert dabei die Anode die Alterung. Nach Huang et al. [59] ist die Diffusionsrate von Lithium im Anodenaktivmaterial bei niedrigen Temperaturen (kleiner 0 °C) limitiert, dies führt bei gleichzeitig hohen Ladeströmen zu „lithium plating" an der Anode. Nach Vetter et al. [130] wird das Anodenmaterial durch metallisches Lithium plattiert, was erhöhte Widerstände und eine reduzierte Kapazität zur Folge hat. Dieser Effekt tritt nach Arora et al. [6] auch bei der Überladung von Lithium-Ionen-Batterien auf. Abgesehen von den geltenden Grenzspannungen ist die Entladungsfähigkeit von Lithium-Ionen-Zellen nach Zhang et al. [135] bei niedrigen Temperaturen nicht limitiert.

Wie die Untersuchungen von Fellberg zeigen, muss neben der absoluten Temperatur auch die Temperaturspreizung innerhalb einer Batterie und Einzelzelle während des Betriebs in engen Grenzen gehalten werden. Flik et al. [13] nennen eine maximal zulässige Temperaturspreizung von $\Delta T_{Zelle} = 10$ K innerhalb der Zelle und $\Delta T_{Batterie} = 5$ K von Zelle zu Zelle in einer Batterie. Die temperaturabhängigen Überspannungen in den Zellen sorgen bei zu hohen Spreizungen für eine ungleichmäßige Belastung der Einzelzellen. Dies äußert sich in parallel verschalteten Zellen in ungleichen Strömen und somit variierenden Ladezuständen, die Ausgleichsströme zur Folge haben. Andrea [5] zeigte, dass Temperaturunterschiede zwischen Zellen bei einer Serienschaltung zu höheren Überspannungen einzelner Zellen und somit zu möglicher Tiefentladung oder Überladung führen. Aufgrund der nicht linearen Charakteristik der Temperaturabhängigkeit ergeben sich ebenso temperaturabhängige maximal zulässige Spreizungen innerhalb der Zelle und der Batterie. Wenn eine konstante maximale Spannungsabweichung im Referenzpunkt bei Raumtemperatur akzeptiert wird, resultiert dies in einer stark abnehmenden Temperaturspreizung bei sinkender mittlerer Zelltemperatur. Bei höheren mittleren Zelltemperaturen stellen sich geringere Verluste ein und es lassen sich, unter Einhaltung der geforderten Spannungsstreuung, größere Temperaturdifferenzen von Zelle zu Zelle realisieren. Für die Temperaturspreizungsbewertung innerhalb einer Zelle lässt sich ein allgemeiner Zusammenhang jedoch nicht ohne Weiteres ableiten, da sich hier die geometrische Anbindung des aktiven Elektrodenmaterials an die Stromableiter und die geometrischen Abmessungen als kritisch erweisen. Nach Fleckenstein et al. [42] bedarf es dreidimensionaler Berechnungsverfahren, um über die lokale Stromdichteverteilung auf geänderte Zellleistung schließen zu können. Ebenso zeigen die Untersuchungen nach Fellberg [40], dass eine verstärkte Alterung im Inneren von gewickelten Zellen stattfindet. Temperaturgradienten innerhalb der Zelle können nur durch detaillierte dreidimensionale Modelle simulativ bewertet und analysiert werden. Die Rückkopplung von einem internen Temperaturgradient auf die lokale Stromdichteverteilung ist dabei durch gekoppelte dreidimensionale Modelle, wie von Damblanc et al. [21] gezeigt, möglich.

2.3 Simulation von Batteriesystemen

Die Simulation gilt als gängiges Werkzeug zur Bewertung thermischer Wechselwirkungen von Lithium-Ionen-Batterien und deren Leistungsfähigkeit in der Fahrzeugentwicklung. Newman und Tiedemann [89] untersuchten bereits im Jahr 1975 das stationäre elektrochemische Verhalten von porösen Elektroden sowie die daraus abgeleitete inhomogene Stromdich-

2.3 Simulation von Batteriesystemen

teverteilung. In den folgenden Jahren wurde das Feld der elektrochemischen Simulation weiter vorangetrieben und die thermischen Wechselwirkungen wurden in zahlreichen Veröffentlichungen untersucht [18,25,47,66,87,102,112]. Eine detaillierte elektrochemische Simulation von Lithium-Ionen-Batterien durch OEM in der Automobilindustrie ist erschwert durch die Notwendigkeit tiefreichender Informationen bezüglich der Batterietechnologie. Aus diesem Grund werden zur Beschreibung des elektrischen Verhaltens von Lithium-Ionen-Batterien elektrische Ersatzmodelle eingesetzt. Als Grundlage dient die Analyse des Überspannungsverhaltens bei elektrischer Last. Johnson et al. [66] zeigen das elektrische Ersatzmodell des „National Renewable Energy Laboratory" ohne Zeitglied, wobei der Innenwiderstand über dem Ladezustand, der Temperatur und der Stromrichtung variiert. Gao et al. [43] stellen ein Klemmspannungsmodell mit einem Zeitglied erster Ordnung zur Beschreibung des dynamischen elektrischen Verhaltens vor. Voraussetzung für dessen Anwendbarkeit ist die Annahme, dass sämtliche elektrochemischen Vorgänge homogen ablaufen.

Zur prädiktiven Kapazitätsbestimmung im Fahrzeug verwenden Verbrugge et al. [129] für eine NiMH-Batterie eine Form des Klemmspannungsmodells nach Gao et al. [43]. Weitere Variationen mit mehreren Zeitgliedern und Induktivitäten werden in Ausführungen von Dong et al. [24] und Gomez et al. [45] beschrieben, insbesondere gehen diese Autoren in diesem Zusammenhang auf Temperatureffekte und Ladezustandseffekte ein.

Hu et al. [57] zeigen eine Zusammenstellung von zwölf elektrischen Batteriemodellen und legen die unterschiedlichen Einsatzwecke dar. Dabei zeigt sich, dass das Klemmspannungsmodell mit einem Zeitglied erster Ordnung und Berücksichtigung der Ruhespannungs-Hysterese [129] gut für Anwendungen mit Lithium-Ionen-Batterien geeignet ist.

Bild 5 zeigt das Klemmspannungsmodell nach Verbrugge et al. [129] mit dem ohmschen Widerstand R, dem RC-Glied mit den Größen R_D und C_D und der Spannungsquelle als Ruhespannung OCV. Eine Variation dieses Modells wird von Dubarry et al. [33] zur Simulation eines Batteriesystems unter Berücksichtigung der Varianz zwischen mehreren Zellen eingesetzt.

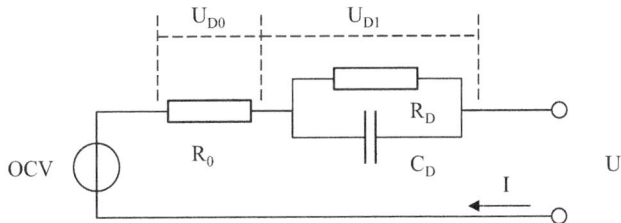

Bild 5: Elektrisches Ersatzschaltbild Typ „*Thevenin*" einer Einzelzelle für Lithium-Ionen-Batterien unter Berücksichtigung des zeitlichen Spannungsverlaufs mit Hilfe eines Zeitglieds erster Ordnung. Spannungsanteile U_{D0} und U_{D1} zur Repräsentation der Verlustanteile (Vgl. Verbrugge et al. [129]).

Die Überspannungen gegenüber der Ruhespannung werden über das Klemmspannungsmodell für dynamische Stromraten direkt berechnet. Nach Tipler [119] und den *Kirchhoff*'schen Regeln lässt sich die Serienschaltung aus dem ohmschen Spannungsabfall

$$U_{D0} = R_0 \, I \tag{2-12}$$

und dem Spannungsverlauf am RC-Glied

$$\frac{\partial U_{D1}}{\partial t} = \frac{I}{C_D} - \frac{U_{D1}}{R_D C_D} \tag{2-13}$$

über ein inhomogenes lineares Differenzialgleichungssystem erster Ordnung lösen. Die Summe der beiden Spannungsanteile

$$U_D = U_{D0} + U_{D1} \tag{2-14}$$

beschreibt den gesamten Spannungsabfall innerhalb der Batterie.

Aus den Untersuchungen von Gu et al. [47] und Bernardi et al. [16] geht der irreversible Wärmestromanteil aus der Spannungsdifferenz

$$U - OCV = U_D \tag{2-15}$$

aus Ruhespannung OCV und Klemmspannung U des Ersatzmodells hervor.

Die elektrischen Parameter des Klemmspannungsmodells weisen Abhängigkeiten von der Temperatur, dem Ladezustand und dem Strom auf. Zur Bestimmung der Parameter wird auf unterschiedliche Techniken zurückgegriffen. Wie Linzen [80] zeigt, erfasst die elektrochemische Impedanz-Spektroskopie die Spannungsänderung einer Zelle bei Anlegen eines definierten Stroms niedriger Stärke. Die komplexe Spannungsantwort wird im Frequenzraum durch die Impedanz beschrieben und in ein zeitabhängiges Modell transformiert. Die zeitabhängige Bestimmung der Parameter kann ebenso direkt über Stromprofile und die zeitliche Auswertung der Spannungsverläufe erfolgen. Beispiele für diese Pulsationsmessungen finden sich in [125].

Die Parameterbestimmung des Klemmspannungsmodells kann über eine grafische Analyse (Benger et al. [14]) des Spannungssignals oder anhand numerischer Optimierung, beispielsweise mit der Methode der kleinsten Fehlerquadrate (vgl. Jackey et al. [63]), erfolgen. Aus den genannten Abhängigkeiten und dem benötigten Betriebsbereich ergeben sich bei detaillierter Betrachtung mehr als 100 Betriebspunkte, in denen die Auswertung der Parameter erfolgen muss. Die automatisierte Analyse der Pulse mit Hilfe numerischer Optimierung stellt daher die beste Lösung dar.

Das parametrisierte elektrische Ersatzmodell der Zelle wird zur Abbildung der thermischen Effekte an ein thermisches Modell angebunden, das maßgeblich vom Aufbau der Zelle abhängt. Mehrere Bauformen der Zelle lassen sich in die Hauptkategorien zylindrische und prismatische Zellen einteilen, bei letzteren wird zwischen gewickelten und gestapelten Elektrodenpaaren unterschieden.

2.3 Simulation von Batteriesystemen

Bild 6 zeigt den Aufbau einer zylindrisch gewickelten und prismatisch gewickelten Lithium-Ionen-Batterie, um den inneren Aufbau, bestehend aus Elektroden, Separator und umgebendem Elektrolyt, zu verdeutlichen.

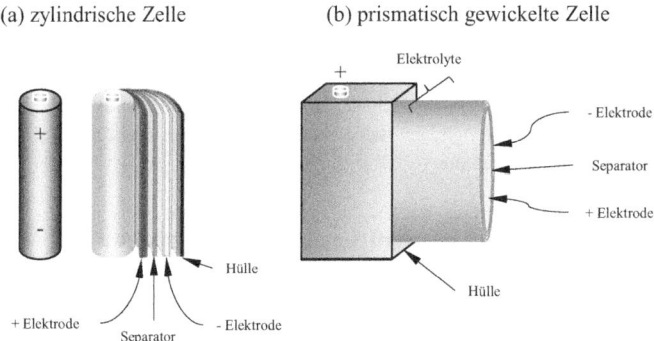

Bild 6: Aufbau einer (a) zylindrisch und (b) prismatisch gewickelten Lithium-Ionen-Batterie mit Elektrodenpaarung (Vgl. Tarascon et al. [116]).

Je nach Bauart ergeben sich bevorzugte Kühlungsanbindungen der Zelle und daraus abgeleitete thermische Modelle. Generell gilt es, die anisotrope Wärmeleitfähigkeit der Zelle zu berücksichtigen, bei der durch den geschichteten Aufbau eine hohe Leitfähigkeit parallel zu den Elektroden entsteht. Dies wird bestimmt durch die hohe Leitfähigkeit der aus Aluminium und Kupfer gefertigten Stromkollektoren. Senkrecht zur Elektrodenfläche dominiert die niedrige Leitfähigkeit des Separators und des Elektrolyts. In der Literatur werden für senkrechte Durchdringung Werte zwischen $\lambda_x = 0{,}4$ W/m/K und $\lambda_x = 3{,}4$ W/m/K [42,85,108] genannt, für die Wärmeleitung in Elektrodenrichtung liegen sie zwischen $\lambda_{y,z} = 28{,}1$ W/m/K und $\lambda_{y,z} = 76$ W/m/K [42,85,108]. Die spezifische Wärmekapazität der gesamten Zelle hängt besonders von der Konstruktion ab. Für das eigentliche Aktivmaterial werden in der Literatur Werte im Bereich von $c = 800$ J/kg/K bis $c = 950$ J/kg/K genannt [42,85,98].

Zur Erfassung der Temperaturspreizung innerhalb der Zelle ist die räumliche Diskretisierung der Zelle notwendig. Um die wichtigen Einflüsse der Temperaturhomogenität zu berücksichtigen, kommen dreidimensionale Modellierungsansätze zum Einsatz [17,20,48,58,84]. Vereinfachte Modellierung durch abgeleitete ein- und zweidimensionale Modelle, sogenannte „lumped parameter models", wurden ebenfalls eingesetzt [80,108]. Die Stärke abgeleiteter Parametermodelle liegt besonders in der Bewertung von kompletten Batteriesystemen und Fahrzyklen. Zweidimensionale Wärmeleitungseffekte und Aufheizvorgänge können mit Hilfe von Punktmassen und Wärmeübertragungskomponenten erfasst werden. Eine nähere Beschreibung des verwendeten thermischen Ersatzmodells der Batterie wird in **Kapitel 0** gezeigt.

Das bisher beschriebene Vorgehen sieht eine homogene Wärmeentstehung in den Simulationsmodellen vor. In der Vergangenheit wurden auch Untersuchungen zu inhomogenen

Stromdichteverteilungen und inhomogenen thermischen Modellen durchgeführt. Aufgrund der vereinfachten elektrischen Verschaltung der einzelnen Elektrodenlagen und der daraus resultierenden quasi-zweidimensionalen Stromdichteverteilung entlang der Elektrode wurden zu Beginn besonders prismatische nicht-gewickelte Zellen untersucht [21,52,70,71,94]. Inzwischen wird dieses Vorgehen zunehmend auf die komplexere Elektrodengeometrie gewickelter Rundzellen und gewickelter prismatischer Zellen angewendet [42,58]. Da sich die vorliegende Arbeit auf die Erarbeitung eines pseudo-zweidimensionalen thermischen und elektrisch nulldimensionalen Ersatzmodells konzentriert, um die Einbindung in eine transiente Fahrzyklen-Bewertung zu ermöglichen, wird auf die Methode der dreidimensionalen thermoelektrischen Batteriesimulation nur verkürzt eingegangen.

2.4 Thermomanagement elektrifizierter Antriebsstränge

Das Thermomanagement von Batteriesystemen in einem elektrifizierten Antriebsstrang ist nur durch die Integration der beteiligten Kühlsysteme und Verbraucher darstellbar. Typischerweise gestaltet sich der Aufbau eines Batterie-Thermomanagement-Systems aus mehreren Fluidkreisläufen, in denen oftmals gekoppelte Kühlmittel- und Kältemittelkreisläufe zum Einsatz kommen.

Bild 7 zeigt drei mögliche Einbindungsvarianten einer Traktionsbatterie in ein Thermomanagement-System nach Neumeister et al. [88].

Nach Pesaran et al. [98] erfordert die Luftkühlung einer Lithium-Ionen-Batterien die Verwendung eines zweiten Kältemittelverdampfers, um die Kühlung bei hohen Umgebungstemperaturen sicherzustellen. Gefilterte Umgebungsluft wird entfeuchtet und gekühlt und kann zur Effizienzsteigerung im Umluftbetrieb umgewälzt werden. **Bild 7 (a)** zeigt eine luftgekühlte Batterie, bei der „Verdampfer 2" über die Kälteanlage der Luft Wärme entzieht. „Verdampfer 1" hingegen wird zur Klimatisierung der Kabine verwendet. Nachteilig sind dabei die geringere Kühlleistungsdichte von Luft gegenüber flüssigen Fluiden sowie die Notwendigkeit der Abtrennung des Batterieluftsystems gegenüber der Kabine zur Minderung des Sicherheitsrisikos bei einem Unfall. Flik [13] nennt die direkte Kältemittelkühlung als Kühlungsvariante mit dem geringsten Bauteilaufwand (**Bild 7 (b)**). „Verdampfer 2" ist für diesen Zweck als Kühlplatte ausgeführt und die Batterie ist direkt strukturell an diese angebunden. Zur Heizung der Batterie kann diese Variante allerdings nicht verwendet werden, sind zusätzliche Wärmequellen innerhalb der Batterie, wie z. B. Heizfolien oder die elektrische Eigenerwärmung, notwendig [98].

Kombinierte Kühl- und Kältemittelkreisläufe (**Bild 7 (c)**) stellen eine Möglichkeit zur Effizienzsteigerung dar, gleichzeitig steht die maximale Kühlleistung zur Verfügung. Das Kühlmittel kann durch einen Niedertemperatur-Kühler (NT-Kühler) über die Umgebungsluft gekühlt werden. Der Kühlmittelvolumenstrom beeinflusst hierbei die Temperaturspreizung innerhalb der Batterie. Bei Fluidtemperaturen unter 20 °C sinken die Volumenströme gemäß der höheren Viskosität des Fluides deutlich ab, weshalb dieser Effekt im Fluidkreislaufmodell

2.4 Thermomanagement elektrifizierter Antriebsstränge

berücksichtigt werden muss. Im Niedertemperatur-Kühler wird Wärme an die Umgebungsluft abgeführt. Lüfter-unterstütze Kühler ermöglichen hohe Kühlleistungen auch bei niedrigen Fahrgeschwindigkeiten [60]. Bei höheren Leistungsanforderungen kann der Kältemittel-Plattenwärmeübertrager (KMPWT) zwischen Kühlmittel und Kältemittel verwendet werden [88,98], indem der NT-Kühler hydraulisch deaktiviert und der gesamte Volumenstrom über den KMPWT gefördert wird. Gleichzeitig wird das kältemittelseitige Absperrventil des KMPWT geöffnet und Kältemittel strömt durch den Wärmeübertrager.

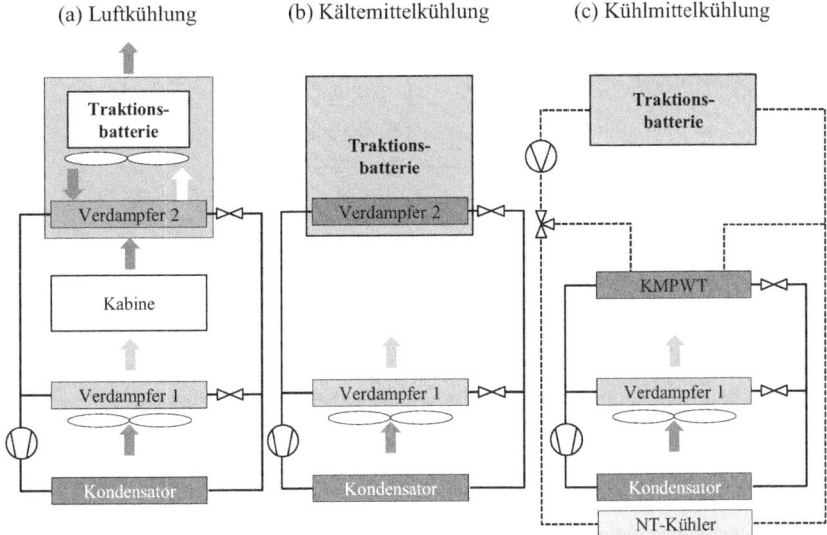

Bild 7: Kühlsysteme für Traktionsbatterien ausgeführt als a) Luftkühlung; b) direkte Kältemittelkühlung und c) Kühlmittelkühlung mit angebundenem Kältemittelkreislauf (Vgl. Neumeister et al. [88]).

Das in **Bild 7 (c)** gezeigte Modell benötigt zur Simulation einen gekoppelten Kältemittel- und Kühlkreislauf, dessen Komponenten entsprechend der Kühlungsauslegung umgeschaltet werden können. Aus den jeweiligen Betriebszuständen ergeben sich unterschiedliche Regelungsanforderungen für die Wasserpumpe und den Kältemittelkompressor. Über den Kältemittelkondensator wird der aufgenommene Wärmestrom aus dem Kältemittel-Plattenwärmeübertrager, dem Kältemittelverdampfer und der zugeführten Verdichterleistung abgeführt. Die Regelung des Verdichters erfolgt auf die Luftaustrittstemperatur oder entsprechend der Fluidtemperaturen im Batteriekühlkreislauf. Derzeit finden in nahezu allen Personenkraftwagen 1,1,1,2-Tetrafluorethan (R-134a) Kompressionskälteanlagen Verwendung. Im idealisierten linkslaufenden Kreisprozess nimmt das Kältemittel Wärme im Verdampfer isobar auf, wird dann im Kompressor verdichtet, im Kondensator isobar abgekühlt und kondensiert und anschließend im thermostatischen Expansionsventil auf das Verdampfungsdruckniveau entspannt (vgl. **Bild 8**).

Zudem betragen die Unterkühlung nach Kondensator $\Delta T_{UK} = 0$ K und die Überhitzung nach Verdampfer $\Delta T_{\ddot{U}H} = 0$ K. Der Vergleichsprozess der Dampfkältemaschine wird nach Langeheinecke et al. [78] als *Plank*-Prozess bezeichnet.

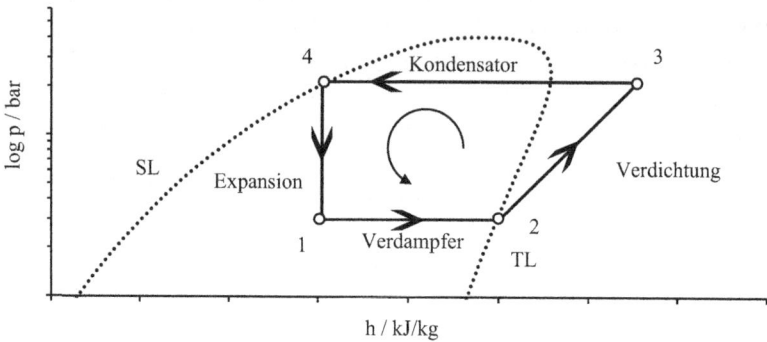

Bild 8: *Plank*-Prozess für R134a ohne Überhitzung und Unterkühlung.

Erst seit wenigen Jahren kommen in der Automobilbranche zusätzliche innere Wärmeübertrager (IWT) zum Einsatz, um den Wirkungsgrad und damit die Leistungsziffer

$$\varepsilon_K = \frac{\dot{Q}_{KMV} + \dot{Q}_{KMPWT}}{P_{KMK,mech}} \quad (2\text{-}16)$$

besonders bei hohen Leistungen zu steigern [46]. Diese werden als konzentrische Rohre ausgeführt, wobei Wärme nach dem Kondensator zum Eintritt vor dem Verdichter übertragen wird (vgl. IWT im Audi „A5" [104]). Der überhitzte Dampf wird nach den Verdampfern weiter überhitzt und restliche Flüssigkeitsanteile verdampfen.

Nach Langeheinecke [78] weicht der reale Kreisprozess aufgrund der notwendigen Überhitzung nach Verdampfer und Kältemittel-Plattenwärmeübertrager sowie der Unterkühlung nach dem Kondensator vom idealisierten *Plank*-Prozess ab. Desweiteren sind die Komponenten druckverlustbehaftet, wodurch der Wirkungsgrad des Prozesses sinkt. Die Effizienz des Kältemittelkreislaufs hängt besonders von der luftbeaufschlagten Außenseite des Kondensators ab. Hierbei spielen die Umgebungstemperatur sowie der Luftdurchsatz nach Großmann [46] eine entscheidende Rolle. Speziell bei Hochleistungsfahrzeugen ist der Wärmeeintrag durch den Kondensator auf die luftseitig stromabwärts liegenden Hochtemperatur-Kühler (vgl. Hucho [60]) der Verbrennungskraftmaschine und Nebenaggregate von Bedeutung. Dies führt zu einer indirekten thermischen Interaktion zwischen dem Batteriesystem und dem Kühlkreislauf des Verbrennungsmotors. Details zum verwendeten Kältemittelkreislauf sind Abschnitt 3.1.2 zu entnehmen.

Seit Ende der 90er Jahre werden eindimensionale Simulationswerkzeuge zur Auslegung von Kühlsystemen in der Automobilbranche eingesetzt [35,36]. Schnell zeigte sich die Notwendigkeit, die Kältemittelanlagen in den Simulationsprozess zu integrieren [50,51]. Zu Beginn lag der Hauptfokus auf der Untersuchung der Komfortfunktionen der Kälteanlagen und deren Optimierung [49,54]. Im Rahmen der zunehmenden Hybridisierung wurden gekoppelte Simulationsmodelle mit Kältemittelkreisläufen und angebundenen Fluidkühlkreisläufen vorgestellt [7,64]. Jagsch und Kussmann [64] untersuchten das transiente Aufheizverhalten eines Traktionsbatteriesystems bei der Bergfahrt und die Wechselwirkung mit dem Kältemittelkreislauf. Dabei wurden ein elektrischer Kompressor und eine elektrische Wasserpumpe zur Regulierung der Batterietemperatur verwendet. Ein Zwei-Massen-Modell der Einzelzellen wird aus einer dreidimensionalen Simulation abgeleitet und in das eindimensionale Simulationsmodell integriert. Der Kältemittelkreislauf wird um einen KMPWT erweitert. Dieser führt zu einer verzögerten Abkühlung des Innenraums, jedoch ist es gleichzeitig möglich, die Batterie in 30 min von 50 °C auf 34 °C abzukühlen.

Bei der Simulation der Kälteanlage hängen der Betriebspunkt und damit die verfügbare Kälteleistung sowie die Leistungsaufnahme stark vom thermischen Zustand des Innenraums ab. Ziel dieser Arbeit ist jedoch nicht, ein Kabinenmodell zu entwickeln, da die Batterie im Vordergrund steht. Aus diesem Grund werden als Randbedingung für den Innenraum Literaturwerte für die Kälteleistung nach Großmann [46] verwendet. Diese weisen eine Abhängigkeit von der Umgebungstemperatur, der Luftfeuchte und der Betriebsart der Klimaanlage auf. In Abhängigkeit der gewählten Umgebungsbedingungen stellen sich somit die notwendigen Verdampfer-Leistungen ein und die verbleibende Leistung steht dem Kältemittel-Plattenwärmeübertrager zur Verfügung. Die Umgebungsbedingungen lassen sich beispielsweise aus [92] ableiten. Es werden vier typische Temperatur- / Feuchte-Kombinationen nach **Tabelle 1** für unterschiedliche geographische Orte angegeben.

Tabelle 1: Umgebungsbedingungen in Abhängigkeit der geographischen Lage nach [92] und benötigte Kälteleistung zur Erhaltung der Innenraumtemperatur bei einer Sonnenintensität von 900 W/m²/K nach Grossmann [46]. Der Einfluss der Luftfeuchtigkeit wird bei Betrachtung der Zustände „Tokio" und „Málaga" deutlich.

Bezeichnung	ϑ_{Umg} / °C	φ_{Umg} / °C	$\dot{Q}_{KMV}$ / W
Frankfurt am Main	25	55	2630
Tokio	30	75	4370
Málaga	35	40	4000
Phoenix	43	15	4680

Da die benötigte Verdampfer-Leistung stark vom Außen- oder Umluftbetrieb abhängt, wird im weiteren Verlauf der Untersuchungen der Umluftanteil mit 50 % angenommen und die benötigte Kälteleistung entsprechend berechnet (siehe **Tabelle 1**). Im reinen Verdampfer-Betrieb wird der Kompressor auf die Luftaustrittstemperatur des Verdampfers geregelt, wobei die Temperatur aufgrund möglicher Vereisung über 2 °C liegen muss. Solange das Batteriemanagementsystem keine höhere Kühlleistung der Batterie anfordert, erfolgt auch im parallelen Betrieb des Verdampfers und Kältemittel-Plattenwärmeübertragers die Regelung auf den Verdampfer. Wird eine höhere Leistung als verfügbar angefordert, muss der Verdampfer über das Absperrventil abgekoppelt werden und die Regelung des Kompressors erfolgt auf die Kühlmitteltemperatur im Batteriekreislauf.

Der Kühlmittelkreislauf überträgt bei hohen Lasten und Temperaturen die aufgenommene Wärme der Batterie an den Kältemittelkreislauf. Besonders bei hohen Wärmeströmen kommt es aufgrund der meist niedrigen Volumenströme im Kreislauf zu erhöhten Temperaturdifferenzen zwischen Eintritt und Austritt der Batterie. Stripf et al. [115] untersuchen eine inhomogene Kontaktierung der Batterie an die Kühlplatte, um diesem Effekt entgegen zu wirken. Dabei wird der thermische Kontaktwiderstand zwischen den Zellen und dem Kühlsystem gezielt beeinflusst, um eine Homogenisierung der Zelltemperatur auch für niedrige Volumenströme zu erreichen. Das Anpassen des Kontaktwärmeübergangs führt jedoch bei hohen abzuführenden Leistungen zu steigenden Maximaltemperaturen in der Batterie. Stripf nennt eine Verlustleistung der Batterie von $\dot{Q}_{Bat,Verl}$ = 800 W, bei der die maximale Temperatur der Batterie noch nicht überschritten wird. Eine weitere Maßnahme zur Senkung der Temperaturspreizung bei gleichbleibender Gesamtleistung stellen strömungsoptimierte Kühlplatten dar, bei denen die Spreizung gezielt durch die Rohrverschaltung reduziert wird. Untersuchungen hierzu wurden beispielsweise von Jarrett et al. [65] unter Verwendung von Optimierungsverfahren und 3D-CFD-Simulationen durchgeführt. Im weiteren Vorgehen wird auf eine bekannte Kühlplattengeometrie zurückgriffen, die im Rahmen einer OEM Serienentwicklung für das untersuchte Batteriesystem gewählt wurde.

2.5 Fahrzyklen und Lastanforderungen

Die Auslegung eines Kühlsystems basiert auf definierten Lastanforderungen und Randbedingungen. In der Automobilbranche wird in der Regel auf standardisierte Fahrzyklen zurückgegriffen. Dennoch zählen auch individuelle Lastfälle, die die OEM-Philosophie und die Kundenwünsche berücksichtigen, zu den auslegungsrelevanten Fahrprofilen. Beispiele für standardisierte Profile stellen der „Neue Europäische Fahrzyklus" (NEFZ), der „Urban Dynamometer Driving Schedule", die „Federal Test Procedure-72" (FTP-72), „FTP-75", der „US Highway", der „Common Artemis Driving Cycle" (CADC) oder die „Worldwide Harmonized Light Duty Test Procedure" (WLTP) dar [4,11,22,38]. Diese Zyklen werden bei Personenkraftwagen zur Bewertung der Schadstoffemissionen und Kraftstoffverbräuche herangezogen. Plug-In-Hybride können durch ihre rein-elektrisch erzielbare Reichweite eine (scheinbare) Verbrauchsreduzierung gegenüber konventionellen Antrieben erreichen. In den genannten Zyklen wird zwischen dem entladenden Betrieb und dem Ladezustandserhaltenden Betrieb der Batterie unterschieden [126]. Diese als „Condition A" und „Condition B" definierten Zustände werden über einen gewichteten Schlüssel in den kombinierten Verbrauch eines Plug-In-Hybrids umgerechnet. Nach Thom [118] wird eine durchschnittliche elektrisch erzielbare Reichweite von $s_0 = 25$ km als Bezugsgröße für die Berechnung des kombinierten streckenspezifischen Kraftstoffverbrauchs gewählt. Analog dazu wird der streckenspezifische elektrische Verbrauch des Plug-In-Hybrids definiert [126].

Zur Maximierung der elektrisch erzielbaren Reichweite müssen die Verluste im Hochvolt-Antriebsstrang, die Fahrwiderstände sowie die Nebenverbraucher minimiert werden. Bei den Nebenverbrauchern spielen besonders die Klimatisierung und die Kühlung der Aggregate eine entscheidende Rolle. Zusätzlich ist die gesteigerte Leistungsfähigkeit der Batterie mit zunehmender Temperatur zu berücksichtigen. In den folgenden Untersuchungen sollen die Notwendigkeit einer Kühlung in den genannten Zyklen sowie die Auswirkung auf die Reichweite dargestellt werden.

Neben den verbrauchsrelevanten Zyklen werden auch Fahrten mit erhöhter Last und kundennähere Betriebsarten untersucht, zu denen die Bergfahrt, Hochgeschwindigkeitsfahrten und Start/Stop Fahrten zählen [60]. Ein Beispiel für einen innerstädtischen Start/Stop Betrieb ist der „New York City Cycle" [38]. Einen an den realen Betriebsbedingungen orientierten Fahrzyklus stellt die „Stuttgart-Runde" der Dr. Ing. h.c. F. Porsche AG dar [56]. Der erste Abschnitt der Strecke wird im reinen elektrischen Modus zurückgelegt, anschließend stellt die Verbrennungskraftmaschine im Hybrid-Modus die Antriebsleistung zur Verfügung, um den Zyklus zu beenden. Hier ist besonders der rein-elektrische Abschnitt von Interesse.

Hybride Antriebsstränge werden zunehmend in Hochleistungsfahrzeugen verwendet. Beispiele hierfür sind der Porsche „918 Spyder" [32], der McLaren „P1" [86] und der Ferrari „LaFerrari" [41]. Bei diesen Hochleistungsfahrzeugen steht oftmals der Betrieb auf der Rennstrecke im Vordergrund, bei dem das Batteriesystem im elektrischen Grenzbereich betrieben wird und das Thermomanagement-System die genannten thermischen Betriebsgrenzen der Lithium-Ionen-Batterien einhalten muss [56]. Als auslegungsrelevante Rennstrecke gilt im Fall des Porsche „918 Spyder" besonders die Nürburgring „Nordschleife" [32].

3 Simulationsmodelle – Aufbau und Funktion

Im nachfolgenden Kapitel soll auf die verwendeten Simulationsmodelle zur Beschreibung der thermoelektrischen Wechselwirkungen näher eingegangen werden. Dabei liegt der Fokus auf dem Aufbau des thermoelektrischen Batteriemodells und der engen Verzahnung mit experimentellen Untersuchungen zur Bestimmung der benötigten Modellparameter. Die Fluidkreisläufe werden anhand des verwendeten Konzeptfahrzeugs erläutert und die wichtigsten Komponenten und deren Datengrundlage diskutiert. Besonderes Augenmerk liegt in diesem Zusammenhang auf dem R134a-Kältemittelkreislauf, der basierend auf Komponentendaten und Gesamtkreislaufvermessungen aufgebaut und validiert wird. Beim Aufbau des Batteriemanagementsystems wurde eine Modellierungsstrategie analog zur realen Umsetzung im Fahrzeug gewählt, um eine direkte Überleitung zu ermöglichen und Applikationsmaßnahmen rechnerisch untersuchen zu können.

Bei der Simulation eines Batteriesystems und dessen Thermomanagement-Systems ergeben sich aus den bisherigen Betrachtungen insgesamt fünf Teilmodelle zur Erfassung der Wechselwirkungen. Der Kühlkreislauf stellt das zentrale Modell zur Verknüpfung des Batteriesystems mit dem Kältemittelkreislauf dar. Dieses Simulationsmodell wird in der Softwareumgebung *KULI* des Engineering Center Steyr (ECS) umgesetzt [37]. Der angebundene Kältemittelkreislauf wird in der *KULI* Erweiterung *KULI* HVAC (*engl*. Heating, Ventilation and Air Conditioning) als separates Simulationsmodell aufgebaut. Die Modellierung des thermoelektrischen Batterieverhaltens erfolgt in *Mathworks Matlab®/ Simulink®* in Kombination mit der Erweiterung *Simscape* zur multidomänen Simulation physikalischer Systeme. Die regelungstechnischen Modelle des Batteriemanagementsystems und weitere Kontrollmechanismen werden in *Mathworks Matlab®/ Simulink®* ausgeführt. Als letztes beteiligtes Simulationsmodell ist der Antriebsstrang des untersuchten Konzeptfahrzeugs in *AVL CRUISE* von AVL LIST GmbH aufgebaut. Dieses Modell stellt eine direkte Übernahme aus einem Entwicklungsbereich der Dr. Ing. h.c. F. Porsche AG dar und wird im Folgenden nicht näher erläutert.

Die verwendeten Teilmodelle erfordern einen zeitsynchronen Datenaustausch in Form von Regelungsgrößen, aber auch thermodynamischen Zustands- und Prozessgrößen. Dieser Datenaustausch wird über die Kopplung der Teilmodelle realisiert. Lund et al. [82] zeigten, dass die Bewertung von Thermomanagement-Maßnahmen zur Verbrauchssenkung nur durch die Co-Simulation im Gesamtfahrzeugumfeld möglich ist. Lund nennt dabei den Ansatz der *Middleware* besonders zielführend. Diese neutrale *Middleware* ermöglicht den Informationsaustausch zwischen den Teilmodellen auf Basis der in vielen Softwareumgebungen vorhandenen Schnittstellen. Zudem ergeben sich Vorteile durch die hohe Flexibilität und einfache Verwaltung der Umgebung aufgrund ihres zentralisierten Aufbaus.

In dieser Arbeit wird die *TISC Suite* der TLK-Thermo GmbH als koppelnde *Middleware* eingesetzt [120]. Diese bietet native Schnittstellen zu den verwendeten 1D-Simulationswerkzeugen *KULI*, *Simulink*®, *AVL Cruise* sowie zu 3D-Simulationswerkzeugen.

3.1 Fluidkreisläufe

Die Fluidkreisläufe werden als geschlossene Kreisläufe abgebildet, dabei stehen die Ein- und Ausgänge der Komponenten in direkter Wechselwirkung, so dass pro Zeitschritt die Ergebnisse iterativ bestimmt werden müssen.

3.1.1 Hydraulisches Kühlmittelkreislaufmodell

Das verwendete Kühlkreislaufmodell wurde aus einem vorhandenen Versuchsträger abgeleitet. Als Kühlmittel wird ein Wasser / Frostschutzmittel-Gemisch verwendet, dessen Stoffdaten für einen großen Temperaturbereich bekannt sind. Der Kühlkreislauf enthält den Kältemittel-Plattenwärmeübertrager, einen NT-Kühler, die durchströmte Batterie, das Ladegerät, den Zuheizer sowie die elektrische Wasserpumpe. Die Verbindungselemente (Rohre, Krümmer) werden mit Hilfe dimensionsloser Druckverlustkennlinien abgebildet. Das Schema des Kühlkreislaufs ist in **Bild 9** dargestellt.

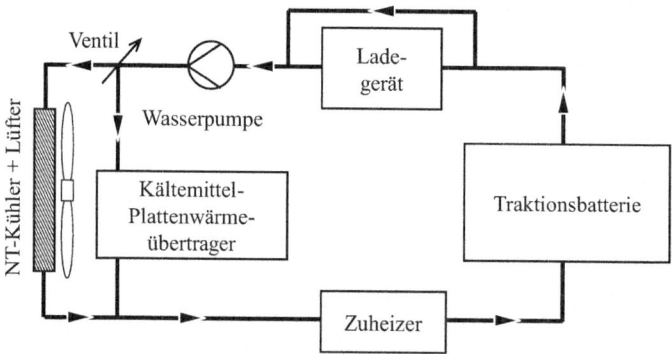

Bild 9: Kühlmittelkreislauf der Batterie mit den wärmeübertragenden Komponenten und der elektrischen Wasserpumpe.

Die Batterie weist mehrere hydraulisch parallel verschaltete Kühlplatten auf. Die schematische Darstellung einer Kühlplatte und die daraus abgeleitete Diskretisierung zur Bestimmung der lokalen Referenztemperatur sind in **Bild 10** abgebildet. Bei der Durchströmung der Kühlplatte wird dem Fluid infolge erzwungener Konvektion bei einem positiven Temperaturgradient Wärme zugeführt. Die Temperatur steigt daher zum Rücklauf stetig an. Die Kühlplatte ist auf beiden Deckflächen mit prismatisch gewickelten Zellen bestückt.

3.1 Fluidkreisläufe

Die Temperaturerhöhung

$$\Delta T_{Seg} = \frac{\dot{Q}_{Zellen}}{\dot{m}\, cp} \quad (3\text{-}1)$$

bei Durchströmung eines Segments berechnet sich über den abgeführten Wärmestrom der Zellen und den Massenstrom durch das Segment.

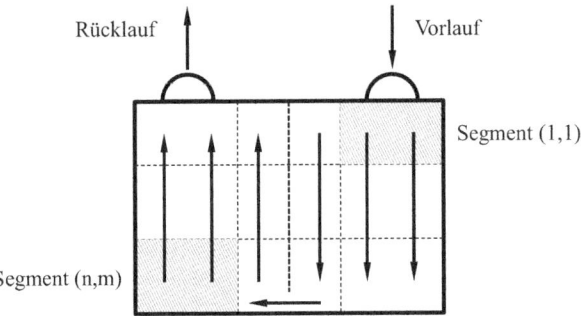

Bild 10: Längsschnitt durch eine Kühlplatte mit Darstellung der hydraulischen Durchströmung und abgeleiteter Segmentierung im Simulationsmodell.

In der Literatur finden sogenannte *Nusselt*-Korrelationen zur Berechnung des konvektiven Wärmeübergangs für unterschiedliche Geometrien und Randbedingungen Anwendung. Diese Korrelationen verknüpfen die dimensionslose *Reynolds*-Zahl

$$Re = \frac{\rho\, v\, d_h}{\eta} \quad (3\text{-}2)$$

und die dimensionslose *Prandtl*-Zahl

$$Pr = \frac{\eta\, c_p}{\lambda} \quad (3\text{-}3)$$

mit empirisch ermittelten Faktoren und geometrischen Verhältnissen zu einer an das jeweilige strömungsmechanische Problem angepassten Gleichung.

Die Kühlplatte weist mehrere flache Kanäle in Kombination mit einem Sammelkasten auf. Aufgrund der verwendeten Wasserpumpe und Druckverlustcharakteristik ergeben sich *Reynolds*-Zahlen kleiner 1000 in den Flachrohren. Zur Ermittlung des Wärmeübergangs wird somit die *Nusselt*-Korrelationen nach [128]

$$Nu_m = \left(Nu_1^3 + Nu_2^3 + Nu_3^3\right)^{1/3} \quad (3\text{-}4)$$

$$Nu_1 = 7{,}541$$

$$Nu_2 = 1{,}841 \sqrt[3]{Re\ Pr\ {}^{d_h}\!/_l}$$

$$Nu_3 = \left\{\frac{2}{1+22\,Pr}\right\}^{1/6} \left(Re\ Pr\ {}^{d_h}\!/_l\right)^{1/2}\ ;\quad \underbrace{Nu_3 = 0}_{\text{für ausgebildete Strömung}}$$

für laminare Strömungen analog zum ebenen Spalt verwendet. Bei anlaufender Strömung stellen sich leicht abweichende *Nusselt*-Zahlen im betrachteten *Reynolds*-Zahl Bereich ein. Der hydraulische Durchmesser d_h wird hierzu als doppelte Spalthöhe definiert. Die mittlere *Nusselt*-Zahl entlang eines Kanals ergibt sich unter Berücksichtigung einer konstanten Wärmestromdichte (3-4) und mit Stoffdaten für die mittlere Temperatur im Kanal. **Bild 11** zeigt die Abhängigkeit der mittleren *Nusselt*-Zahl von der *Reynolds*-Zahl in einem der betrachteten Flachrohre und vergleicht diese mit den Ergebnissen für eine anlaufende Strömung.

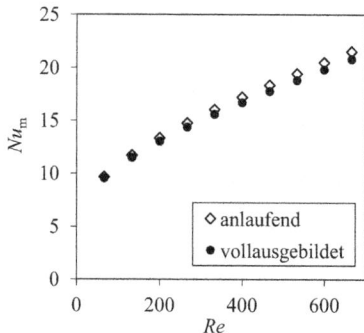

Bild 11: Mittlere *Nusselt*-Zahl in einem Flachrohr bei Anwendung der *Nusselt*-Korrelation für laminare Durchströmung nach [128] für einen ebenen Spalt bei voll ausgebildeter und anlaufender Strömung.

Das Wärmeübertragungsverhalten des NT-Kühlers wird in *KULI* über die Auswertung gemessener Leistungsdaten in eine Leistungscharakteristik überführt. Der abgeführte Wärmestrom eines Kreuzstrom-Wärmeübertragers

$$\dot{Q} = \dot{H}_{min}\left(T_{KW,ein} - T_{Lu,eus}\right)\Phi \tag{3-5}$$

lässt sich aus der Betriebscharakteristik Φ, dem Minimum des austretenden Enthalpiestroms $\dot{H}_{min}$ aus innerem und äußeren Fluidstrom und der Eintrittstemperaturdifferenz der Fluidströme berechnen [83]. Die Betriebscharakteristik ermöglicht die Skalierung der Leistungswerte einer abweichenden durchströmten Fläche. Die Außenseite des NT-Kühlers ist mit Umgebungsluft beaufschlagt. Dabei stellt sich der Luftdurchsatz in Abhängigkeit des Druckverlusts des Luftpfads, der Fahrgeschwindigkeit und des Betriebszustands des elektrischen Lüfters ein. Die Volumenströme werden aus Windkanalmessungen ausgewertet und abhängig von Fahrgeschwindigkeit und Lüfteransteuerung vorgegeben. Analog lässt sich die Leistungsaufnahme des Lüfters berechnen und bei der Bilanzierung des Energieverbrauchs des Thermomanagement-Systems berücksichtigen.

Das Ladegerät ist in den nachfolgenden Untersuchungen nicht in Betrieb und wird daher reduziert auf den Druckverlust und die thermische Trägheit. Für den Kältemittel-Plattenwärmeübertrager ist besonders der Wärmeübergang im Kältemittel entscheidend. Diese Komponente wird in Abschnitt 3.1.2 näher beschrieben. Die elektrische Wasserpumpe wird entsprechend der hydraulischen Betriebscharakteristik als Arbeitszufuhr in Abhängigkeit der Drehzahl und des anliegenden Volumenstroms modelliert [99]. Die Pumpencharakteristik stammt aus Herstellerangaben zur verwendeten Pumpe.

3.1.2 R134a Kältemittelkreislaufmodell

Der verwendete Kältemittelkreislauf wird analog zu einem Versuchsträger aufgebaut. Als Kältemittel kommt 1,1,1,2-Tetrafluorethan (R134a) zum Einsatz. Der Kältemittelkreislauf ist über den Kältemittel-Plattenwärmeübertrager direkt mit dem Kühlkreislauf verbunden. Weitere Komponenten im Kältemittelkreislauf sind der elektrische Spiral- (*engl.* Scroll) Verdichter, die beiden Kondensatoren (links und rechts im Bugteil), der Verdampfer der Klimaanlage, die Expansionsventile, der Hochdrucksammler und der innere Wärmeübertrager zwischen Kondensatoraustritt und Verdampferaustritt. Gemäß des Verschaltungsschemas nach **Bild 12** ergibt sich die Positionierung der Komponenten im Kreislauf.

Im log p/h Diagramm (**Bild 13**) werden die zugeführten und abgeführten Wärmeströme im *Plank*-Prozess verdeutlicht und der linkslaufende Kreisprozess folgt aus der Komponenten-Verschaltung.

Das verdichtete gasförmige Kältemittel (Zustand 1) strömt vom Verdichter durch die seriell verschalteten Kondensatoren (Zustände 1 nach 3) und verflüssigt sich dabei. Aufgrund der am linken Kondensator niedrigeren Eintrittstemperatur zeigt sich eine ungleiche Leistungsverteilung zwischen linkem und rechtem Kondensator. Am Sammleraustritt ist das Kältemittel flüssig (Zustand 3) und tritt anschließend in den inneren Wärmeübertrager (IWT) ein. Durch den IWT wird Wärme von der Hochdruckseite auf die Niederdruckseite übertragen (Wärmemengen zwischen Zustand 3-4 und 7-8 sind identisch), wodurch das Kältemittel nach dem IWT unterkühlt wird (Zustand 4). Die beiden Expansionsventile werden vom IWT gespeist und expandieren das Kältemittel auf das benötigte Druckniveau an den Verdampfern (Zustände 5' und 5''). Die beiden Verdampfer können über nicht dargestellte Absperrventile zu- oder abgeschaltet werden.

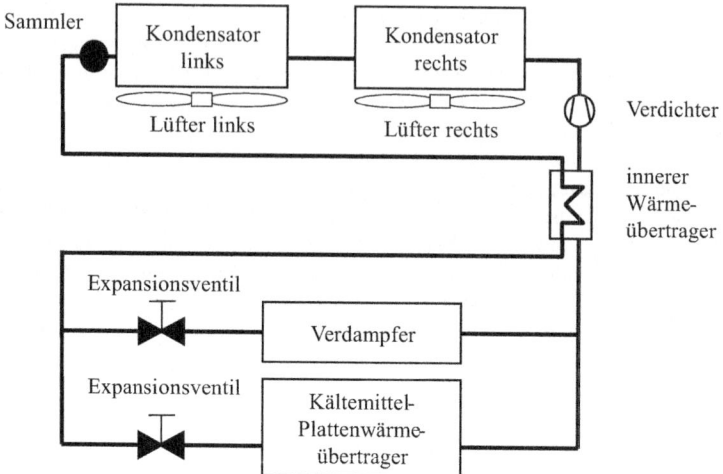

Bild 12: Kältemittelkreislauf mit Integration eines inneren Wärmeübertragers, zwei seriell verschalteten Klimakondensatoren und zwei parallel verschalteten Verdampfern.

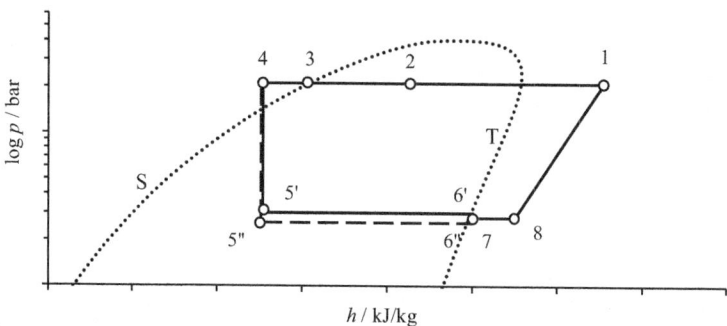

Bild 13: log p/h Diagramm für R134a mit Darstellung eines Betriebspunkts des Kreislaufs unter Vernachlässigung der Druckverluste in Komponenten und Wärmeübergängen an Rohrleitungen.

Die Kondensatoren sind mit Lüftern versehen, um bei niedrigen Fahrgeschwindigkeiten und hohen Lasten das Druckniveau im Kreislauf abzusenken und somit die Effizienz zu steigern [46]. Gemäß der Modellierung in *KULI* wird ein eindimensional diskretisiertes Wärmeübertragungsmodell der Kondensatoren verwendet. Dabei wird über Messdaten das Leistungs- und Druckverlustmodell abgestimmt. Der Verdampfer wird in den folgenden Untersuchungen mit einem definierten Wärmestrom beaufschlagt, der den Umgebungsbedingun-

3.1 Fluidkreisläufe

gen und Kabinenzuständen angepasst wird. Die Expansionsventile regeln den Massenstrom, um stets überhitztes Kältemittel am Austritt der Verdampfer zu erhalten.

Zwei konzentrische Rohre bilden den IWT (vgl. Reichelt [104] und **Bild 14**), dabei wird für die Erstellung des Simulationsmodells von überhitztem Dampf auf der Niederdruckseite und unterkühlter Flüssigkeit auf der Hochdruckseite des IWT ausgegangen.

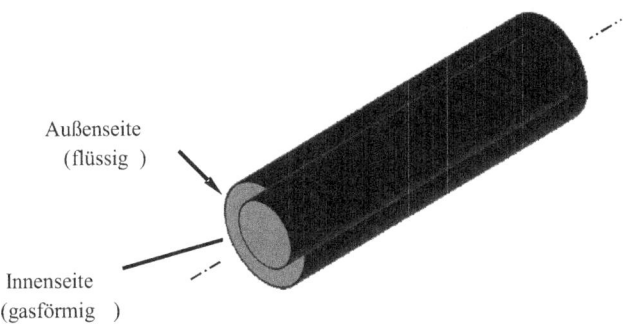

Bild 14: Schematischer Aufbau eines inneren Wärmeübertragers zum Wärmeaustausch zwischen Hochdruck- und Niederdruckseite in einer R134a Kälteanlage. Darstellung der Innenseite (R134a gasförmig) und der Außenseite (R134a flüssig) des konzentrischen Doppelrohr-Wärmeübertragers.

Das Expansionsventil stellt im Betrieb eine positive Überhitzung von $\Delta T_{\mathrm{ÜH}} > 5$ K sicher, während der Sammler Flüssigkeit am Austritt vorgibt. Mit diesen Voraussetzungen lässt sich aus der Korrelation für den konzentrischen Ringspalt und für das Rohr mit Kreisquerschnitt die Wärmeübertragung zwischen den Rohren nach VDI Wärmeatlas [128] bestimmen. Für die Innenseite kann eine voll-turbulente Strömung angenommen werden, da hier *Reynolds*-Zahlen $Re_{\mathrm{I}} > 2*10^5$ vorliegen. Die mittlere *Nusselt*-Zahl für ein voll-turbulent durchströmtes Rohr kann nach [128] über

$$Nu_{m,T} = \frac{(\xi/8)Re\,Pr}{1 + 12{,}7\sqrt{\xi/8}(Pr^{2/3}-1)}\left[1+\left(\frac{d_h}{l}\right)^{2/3}\right]$$

$$\xi = \left(1{,}8\log_{10}Re - 1{,}5\right)^{-2}$$

(3-6)

berechnet werden, wobei die Korrelation für $0{,}1 \leq Pr \leq 1000$, $10^4 \leq Re \leq 10^6$ und $d_i/l \leq 1$ gilt.

Wird der Ölanteil im Kältemittel vernachlässigt, lässt sich diese Gleichung auf das einphasige gasförmige Kältemittel anwenden. Die Außenseite weist Kältemittel in flüssiger Form auf; in bestimmen Betriebspunkten liegt keine voll-turbulente Strömung vor. Entsprechend ergeben sich für den laminaren Bereich ($Re \leq 2300$) nach [128],

$$Nu_{m,L} = \left(Nu_1^3 + Nu_2^3\right)^{1/3}$$

$$Nu_1 = 3{,}66 + 1{,}2 \, (d_i / d_a)^{-0{,}8} \tag{3-7}$$

$$Nu_2 = 1{,}615 \, \left\{1 + 0{,}14 \, (d_i/d_a)^{-0{,}5}\right\} (Re \, Pr \, d_h/l)^{1/3},$$

wenn von einem gedämmten Außenrohr ausgegangen wird. Der Übergangsbereich zwischen laminar-turbulent ($2300 \leq Re \leq 10^4$) wird nach [128] durch

$$Nu_m = (1 - \gamma) Nu_{m,L,2300} + \gamma Nu_{m,T,10^4}$$

$$\gamma = \frac{Re - 2300}{10^4 - 2300} \tag{3-8}$$

beschrieben (verkürzte Darstellung), wobei $0 \leq \gamma \leq 1$ gilt. Der turbulente Bereich kann nach [128] als Verhältnis zu *Nusselt*-Zahlen der Rohrdurchströmung (vgl. Gl. 3-4) berechnet werden

$$Nu_{m,T} / Nu_{m,T,Rohr} = 0{,}86 \, (d_i/d_a)^{-0{,}16} \tag{3-9}$$

mit $0{,}6 \leq Pr \leq 1000$, $10^4 \leq Re \leq 10^6$ und $0 \leq d_h/l \leq 1$. Bei dieser Modellierung müssen latente Wärmen durch weitere Verdampfung von Kältemittel oder Kondensation des gleichen vernachlässigt werden.

Aus diesem Gleichungssatz ergibt sich in Kombination mit der Festkörperwärmeleitung in der Aluminiumrohrwand die Wärmedurchgangszahl k_{IWT} zwischen Innen- und Außenseite gemäß der Reihenschaltung der Teilwärmeübergänge (3-10). Die wärmeübertragende Fläche wird aufgrund der dünnen Wandstärke für alle Anteile als gleich angenommen.

$$\frac{1}{k_{IWT}} = \frac{1}{\alpha_{IWT,I}} + \frac{\delta_{Alu}}{\lambda_{Alu}} + \frac{1}{\alpha_{IWT,A}} \tag{3-10}$$

Der Verdichter ist als elektrischer Scroll-Verdichter ausgeführt, um einen Betrieb bei stehender Verbrennungsmaschine zu gewährleisten. Über die Variation der Drehzahl wird das notwendige Druckniveau am Verdampfer oder Kältemittel-Plattenwärmeübertrager eingestellt, um die notwendige Kälteleistung zu erzeugen und gleichzeitig ein Vereisen der Verdampfer-Lamellen zu verhindern.

Der Verdichter wird über Kennlinien des isentropen Wirkungsgrades,

$$\eta_{ic} = \frac{P_{KMK,isen}}{P_{KMK}} \tag{3-11}$$

des Liefergrades

$$\eta_V = \frac{\dot{m}}{V_h \, \rho_s \, f} \tag{3-12}$$

und des Produktes aus elektrischem Wirkungsgrad η_{el} und mechanischem Wirkungsgrad η_{mec}

3.1 Fluidkreisläufe

$$\eta_{el}\eta_{mec} = \frac{P_{KMK}}{P_{KMK,el}} \tag{3-13}$$

beschrieben [83]. Lambers et al. [75–77] fassen die Wirkungsgrade und deren Definitionen wie folgt zusammen: Der Liefergrad η_V beschreibt die Abweichung des real geförderten Massenstroms gegenüber dem idealen Massenstrom, gebildet mit der Saugdichte ρ_s, dem geometrischen Fördervolumen V_h und der Arbeitsfrequenz f (3-12). Aus der isentropen Verdichtungsleistung $P_{KMK,isen}$ und der am Fluid verrichteten Leistung P_{KMK} ergibt sich der isentrope Wirkungsgrad η_{ic} (3-11). Wird die elektrische Leistungsaufnahme $P_{KMK,el}$ auf die Verdichtungsleistung bezogen, ergibt sich das Produkt aus elektrischem und mechanischem Wirkungsgrad $\eta_{el}\eta_{mec}$ (3-13).

Die Wirkungsgrade werden anhand gemessener Drücke, Temperaturen und des Kältemittelmassenstroms über die bilanzierten Leistungen bestimmt. Bei Scrollverdichtern zeigt sich durch die rotierende Bewegung der Spirale gegenüber Kolbenverdichtern ein kontinuierlicher Verdichtungsprozess [103]. Bei niedrigen Drehzahlen und hohen Druckverhältnissen stellt sich das Minimum des Liefergrads ein. Dies ist auf Leckagen zwischen stehender und rotierender Spirale zurückzuführen. **Bild 15** zeigt den Liefergrad und den isentropen Wirkungsgrad des verwendeten Verdichters über der Drehzahl und des Druckverhältnisses bei einer konstanten Überhitzung am Saugstutzen des Verdichters von $\Delta T_{ÜH} = 10$ K.

Bei hohen Druckverhältnissen sinkt der isentrope Wirkungsgrad des Kompressors und damit der gesamten Kälteanlage. Das Druckverhältnis wird besonders von den Wärmesenken beeinflusst. Dabei muss nach Großmann [46] aber auch die elektrische Leistungsaufnahme der Lüfter an den Kondensatoren berücksichtigt werden, um einen Punkt maximaler Effizienz zu finden. Die Lüfter der Kondensatoren werden abhängig von der Fahrgeschwindigkeit und dem Hochdruckniveau im Kreislauf angesteuert. Die Parametervariation in **Bild 16** zeigt eine Variation des Luftdurchsatzes an den Kondensatoren und verdeutlicht den Zusammenhang zwischen Leistungsziffer und Massenstromdichte sowie Kompressordrehzahl. Die Abhängigkeit der Leistungsziffer von Luftmassenstrom und Drehzahl (**Bild 16** a) lässt sich als potentielle Funktion des Druckverhältnisses π (**Bild 16** b) darstellen.

Der Kältemittel-Plattenwärmeübertrager wird in *KULI* als zweidimensional diskretisierter Wärmeübertrager beschrieben. Kältemittel und kühlmitteldurchströmte Platten wechseln sich ab und werden jeweils über Rohre zusammengeführt. Durch die Verdampfung des Kältemittels ändern sich dessen Wärmeübertragungseigenschaften. Das Wärmeübertragungsmodell des Kältemittel-Plattenwärmeübertragers wird anhand mehrerer gemessener Betriebspunkte abgestimmt. Durch die Kopplung des Kältemittel-Plattenwärmeübertragers mit dem Expansionsventil stellt sich ein Zusammenhang zwischen innerem Kältemitteldurchsatz und dem zugeführten Wärmestrom ein. Bei steigender Überhitzung werden die letzten Abschnitte des Kältemittel-Plattenwärmeübertragers gasförmig durchströmt, wobei der Wärmeübergang aufgrund der steigenden Temperatur und sinkenden Wärmeübergangszahlen abnimmt. Über die Außenseite des Kältemittel-Plattenwärmeübertragers wird der Kühlmittelkreislauf der Batterie an den Kältemittelkreislauf angebunden. Die Leistungsregelung erfolgt über den Kühlmittelmassenstrom und die Anpassung des Druckniveaus am Kältemittel-Plattenwärmeübertrager über den Verdichter.

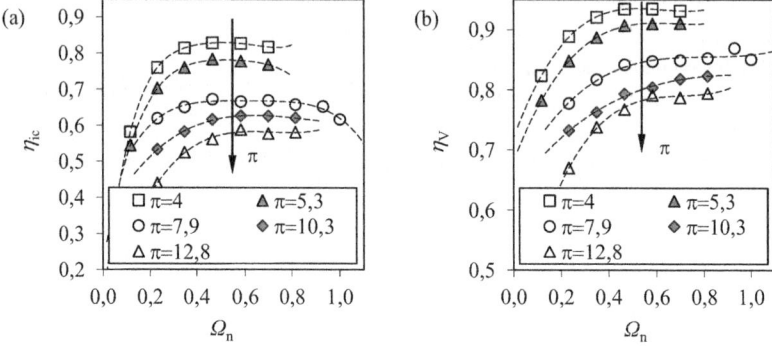

Bild 15: Aus Komponentenmessungen [26] bestimmter (a) Liefergrad und (b) isentroper Verdichtungswirkungsgrad eines elektrischen Scroll-Verdichters bei Variation der dimensionslosen Drehzahl Ω_n und des Druckverhältnisses π. Regression der Datenpunkte über Polynome zur Extrapolation weiterer Betriebspunkte.

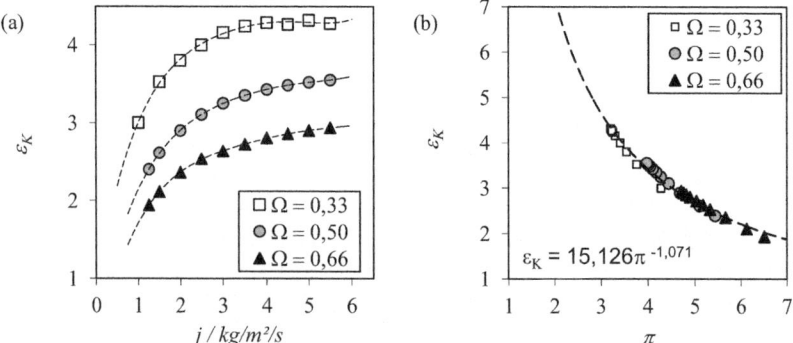

Bild 16: Bestimmung der Leistungsziffer bei Variation der Kompressordrehzahl und der Massenstromdichte an den Kondensatoren; Leistungsziffer aufgetragen über (a) Massenstromdichte j mit Polynom-Regression und (b) Druckverhältnis am Kompressor π mit potentieller Regression.

Das erstellte Kältemittelkreislaufmodell wird zur Beschreibung transienter Lastprofile um die geschwindigkeitsabhängige und lüfterleistungsabhängige Kühlluftvolumenstrom-Charakteristik ergänzt. Eine zusätzliche Erweiterung stellt die transiente Regelung des Kompressors dar. Sobald eine Abweichung des Istwerts vom Solltemperaturwert am Verdampfer oder Kältemittel-Plattenwärmeübertrager festgestellt wird, erfolgt eine Anpassung der Kompressordrehzahl.

3.2 Batteriemanagementsystem

Das Batteriemanagementsystem stellt die Regelschnittstelle zwischen Batterie und Thermomanagementsystem dar. Im Batteriemanagementsystem wird der thermische Istzustand der Batterie mit dem Sollzustand abgeglichen und gegebenenfalls Gegenmaßnahmen eingeleitet. Hierzu werden die Temperaturdifferenz im Kühlmittel und in der Batterie, die mittlere Batterietemperatur, der Maximalwert der Batterietemperatur sowie die Temperaturspreizung innerhalb der Einzelzellen überwacht. Als Regelgrößen stehen die in **Tabelle 2** gezeigten Komponenten des Thermomanagement Systems zur Verfügung. Die Ventile werden als Digitalventile ausgeführt. Die Lüfter- und Pumpenleistung wird über das PWM Signal vorgegeben.

Tabelle 2: Regelgrößen des Batteriemanagementsystems zur Beeinflussung des thermischen Batteriezustands über das Thermomanagement-System.

Bezeichnung	Kürzel	Wertebereich
PWM Signal elektrische Wasserpumpe	PWM_{Wapu}	0 – 1
PWM Signal Lüfter Kondensatoren	PWM_{KK}	0 – 1
PWM Signal Lüfter NT-Kühler	PWM_{NTK}	0 – 1
Schaltzustand Ventil NT-Kühler	β_{NTK}	0 / 1
Schaltzustand Ventil KMPWT (Kühlmittel)	β_{KMPWT}	0 / 1
Schaltzustand Ventil Verdampfer	β_{KMV}	0 / 1
Schaltzustand Ventil KMPWT (Kältemittel)	$\beta_{KMPWT-R}$	0 / 1
Zustand Zuheizer	β_{PTC}	0 / 1

Ein Proportional-Integral-Regler regelt den PWM-Signalwert der elektrischen Wasserpumpe auf einen Sollwert der Temperaturdifferenz von beispielsweise $\Delta T_{KW,Bat} = 3$ K im Kühlmittel ein. Der Sollwert der Batterietemperatur wird in Abhängigkeit der Betriebsart des Fahrzeugs vorgegeben. Aus der Abweichung des Istwerts vom Sollwert der mittleren Batterietemperatur wird die benötigte Vorlauftemperatur des Kühlmittels bilanziert. Durch den Abgleich des Istwerts der Kühlmitteltemperatur mit dem bilanzierten Sollwert wird der Zustand des Thermomanagementsystems über die in **Tabelle 2** gezeigten Schaltzustände eingestellt. Im Zustand „TMM01" sind die Ventile am NT-Kühler und kältemittelseitig am Kältemittel-Plattenwärmeübertrager geschlossen und die Pumpe wird nicht angesteuert. Der Zustand „TMM02" wälzt das Kühlmittel in der Batterie um. Zur Aufheizung bei niedrigen Temperaturen wird der Zuheizer (vgl. Beetz et al. [12]) im Zustand „TMM03" aktiviert wobei der NT-Kühler nicht durchströmt wird. Zustand „TMM04" durchströmt zur Kühlung den NT-Kühler bei deaktiviertem Lüfter. Der Lüfter des NT-Kühlers aktiviert sich im Zustand „TMM05". Wenn die geforderte Kühlleistung noch nicht ausreicht, wird „TMM06" und damit zusätzlich der Kältemittel-Plattenwärmeübertrager aktiviert. Im Zustand „TMM07" wird der NT-Kühler deaktiviert, um den Kühlmittelmassenstrom durch den KMPWT zu maximieren und die Kühlleistung zu steigern. Den maximalen Kühlungszustand stellt „TMM08" dar, d. h. der Verdampfer im Kältemittelkreislauf wird deaktiviert, um die Kühlleistung des Kältemittel-Plattenwärmeübertragers weiter zu steigern.

3.3 Batteriemodell

Das thermoelektrische Batteriemodell wird in der Softwareumgebung *Matlab®/Simulink®* umgesetzt. Die Einzelzellen der Batterie sind mit der Fußfläche an die Kühlplatte (**Bild 10** auf Seite 25) angebunden. Drei Zellen werden elektrisch parallel und 104 Zellen elektrisch seriell verbunden. Die Submodule nehmen jeweils 18 Zellen auf und werden an die Kühlplatte angebunden.

3.3.1 Thermisches Batteriemodell

Das thermische Modell wird in *Matlab®/Simulink®* mit Hilfe der Erweiterung *Simscape®* realisiert, die zur Beschreibung physikalischer Systeme anhand der vorherrschenden Gleichungssysteme dient. Auf Basis der geometrischen Abmessungen der Zelle und der bekannten Stoffeigenschaften wird ein pseudo-zweidimensionales transientes Wärmeleitungsmodell zur Anbindung an die Kühlplatte aufgebaut. Das in **Bild 17** gezeigte resultierende thermische Netzwerk berücksichtigt die Wärmeleitung innerhalb der Zellhülle und des gewickelten Elektrodenmaterials.

Wenn sich das Elektrodenmaterial aufgrund der elektrischen Verluste erwärmt und die Temperatur im Inneren gegenüber der Kühlplatte ansteigt, wird Wärme vom Inneren der Zelle entlang der Zellhülle an die Kühlplatte abgeführt. Nach Langeheinecke [78] lässt sich das transiente Temperaturfeld in einem anisotropen Körper bei Wärmezufuhr unter Verwendung der *Fourier*-Gleichung

$$\dot{\vec{q}} = -\vec{\lambda}\ \text{grad}\ T \tag{3-14}$$

darstellen. Dabei stellt die Wärmeleitfähigkeit $\vec{\lambda}$ einen Vektor aufgrund der anisotropen Eigenschaften des aktiven Materials dar. Im Modell wird dieser Zusammenhang über die eindi-

3.3 Batteriemodell

mensionale Modellierung der Wärmeleitpfade abstrahiert. Zur Beschreibung des Wärmeübergangs zwischen der Zelle und der Kühlplatte dient der thermische Kontaktwiderstand R_{th}. Innerhalb der Zelle wird das Elektrodenmaterial über fünf thermische Massen abgebildet, um die Berechnung der Temperaturdifferenz innerhalb der Zelle zu ermöglichen. Acht thermische Trägheiten bilden die Zellhülle und das Wärmeleitungsverhalten an die Fußfläche ab. Die Abwärme infolge elektrischer Verluste wird den fünf Punktmassen des aktiven Materials gleichmäßig aus dem elektrischen Modell zugeführt.

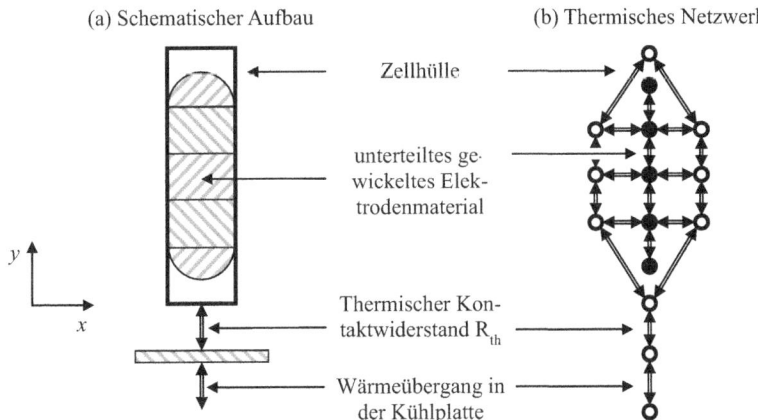

Bild 17: (a) Schematischer Aufbau des zweidimensionalen Einzelzellmodells mit Anbindung der Kühlplatte über die Fußfläche; (b) thermisches Netzwerk des pseudo-zweidimensionalen Wärmeübertragungsmodells.

Die Wärmekapazitäten und Wärmeleitfähigkeiten der einzelnen Elemente werden aus Herstellerangaben und Materialkennwerten berechnet und parametrisiert. Die Wärmeleitung innerhalb der Hülle wird über die Stoffeigenschaften von Aluminium abgebildet. Die Wärmeleitfähigkeit in x-Richtung der Zelle stellt zusammen mit der Wärmeleitung zum Fuß der Zelle die begrenzende Größe des Wärmeübergangs dar. **Tabelle 3** zeigt die thermisch relevanten Stoffeigenschaften der verwendeten Materialien.

Aufgrund der stark anisotropen Wärmeleiteigenschaften des heterogenen Elektrodenmaterials ist die Wärmeleitfähigkeit des Elektrodenwickels von besonderer Bedeutung. Die seitens des Herstellers genannten Eigenschaften der verwendeten Zelle sind verglichen mit den in Kapitel 2.3 genannten Werten plausibel. Zur Bestätigung der angenommenen Wärmeleitungspfade wird die Zelle mit Hilfe von Computertomographie-Schnitten untersucht. Der x/y Schnitt in **Bild 18** zeigt, dass der Elektrodenwickel keinen direkten Kontakt zur Fußfläche hat.

Tabelle 3: Stoffeigenschaften der Materialien des thermischen Zellmodells.

Komponente	Größe	Einheit	Wert
Zellhülle (Aluminium)	c	J/kg/K	836
	ρ	kg/m³	2700
	$\lambda_{x,y,z}$	W/m/K	236
Elektrodenmaterial	c	J/kg/K	1000
	ρ	kg/m³	1700
	λ_x	W/m/K	3,6
	λ_y	W/m/K	24,4
	λ_z	W/m/K	29,2

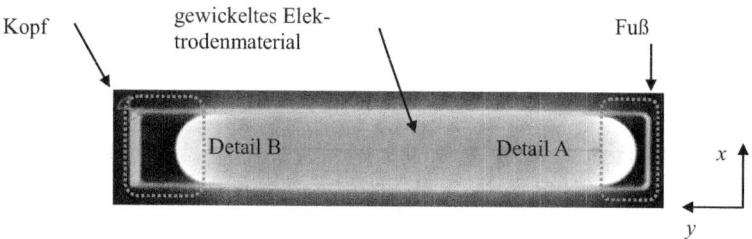

Bild 18: Mittiger Computertomographie-Schnitt in x/y Ebene durch die prismatische Zelle zur Verdeutlichung der vernachlässigten Kontaktierung des Elektrodenwickels an den Fuß (Detail A) und an den Kopf (Detail B) der Zelle (Bild und Daten: Dr. Ing. h.c. F. Porsche AG [29]).

Der Hohlraum zwischen dem Fuß der Zelle und dem Elektrodenmaterial ist mit Elektrolyt gefüllt. Dieses weist nach Song et al. [111] eine Wärmeleitfähigkeit von $\lambda = 0{,}5$ W/m/K, nach Chen et al. [19] $\lambda = 0{,}6$ W/m/K auf. Bezogen auf die betrachtete Grundfläche der Zelle und die zu überbrückende Länge ergibt dies ein Verhältnis des Wärmeübergangs zwischen der Leitung in der Hülle und im Elektrolyt von $kA_{Elektrolyt} / kA_{Hülle} \sim 0{,}02$. Neben der Wärmeleitung am Fuß durch das Elektrolyt wird aufgrund des höheren Abstands des Elektrodenwickels zum Kopf der Zelle auch dieser Wärmeübertragungspfad im Modell vernachlässigt. Ferner kann der Wärmeübergang des Elektrodenwickels in z-Richtung an die Hülle vernachlässigt werden, da hier kein direkter Kontakt besteht. **Bild 19** zeigt einen Computertomographie-Schnitt in der y/z Ebene und die Position des Elektrodenmaterials in der Hülle.

Aus der in **Bild 17** gezeigten Einzelzelle wird das Batteriemodul in $Simulink^{\circledR}$ aufgebaut, indem Zellen von beiden Seiten an die Kühlplatte angebunden und einzelne Zellen zu einem Zellstapel zusammengefügt werden. Über die Zellhülle werden die benachbarten Zellen kontaktiert, wobei ein thermischer Kontaktwiderstand von Zelle zu Zelle gegeben ist.

3.3 Batteriemodell

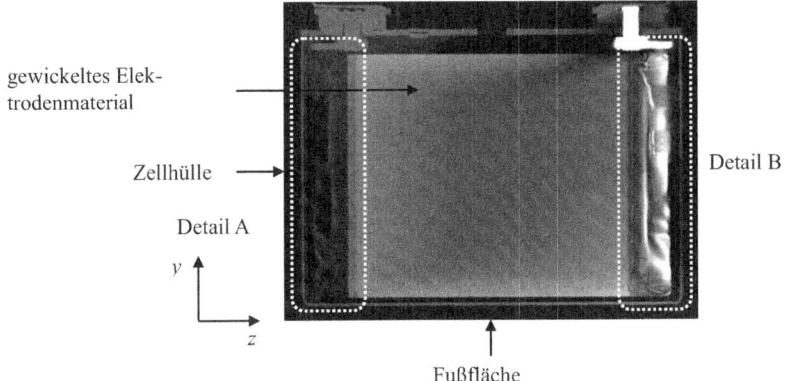

Bild 19: Mittiger Computertomographie-Schnitt in y/z Ebene durch die prismatische Zelle zur Verdeutlichung der vernachlässigten Kontaktierung des Elektrodenwickels an die Seitenflächen (Details A & B) (Bild und Daten: Dr. Ing. h.c. F. Porsche AG [29]).

Bild 20 zeigt den schematischen Aufbau zweier Zellstapel und der angebundenen Kühlplatte an den Fußflächen der Einzelzellen. Die Durchströmung der Platte in x-Richtung erzeugt einen Temperaturgradient innerhalb des Zellstapels, aufgrund der Kontaktierung zwischen den Zellen wird der Temperaturgradient im Modul jedoch gemindert.

Die elektrischen Wechselwirkungen werden über lokal aufgeprägte Wärmeströme des Klemmspannungsmodells beschrieben. Ein Zellstapel besteht aus 18 Zellen, die von einer tragenden Struktur in der Mitte und am Rand des Stapels geführt und verspannt werden. Pro Kühlplatte werden drei Zellstapelpaare angebunden.

Bild 21 zeigt den schematischen Aufbau eines Batteriemoduls mit Berücksichtigung der Durchströmung der Kühlplatte. Die Durchströmung führt zu einer inhomogenen Temperaturverteilung zwischen den Zellstapeln.

Im Batteriemodul sind zur Erfassung der Temperaturen insgesamt zwölf NTC-Widerstände (*engl.* <u>N</u>egative <u>T</u>emperature <u>C</u>oefficient Thermistors) als Temperatursensoren verteilt. Das Batteriemanagementsystem regelt das Kühlsystem entsprechend der Temperatur dieser Sensoren. Der Mittelwert der Sensoren wird als globale Batterietemperatur verwendet. Zusätzlich wird die globale Differenz der maximalen und minimalen Temperatur als Indikator für die Homogenität der Temperaturverteilung ausgewertet. Die Sensoren sitzen zwischen den Zellen in der Mitte eines Stapels, jeweils im oberen und unteren Bereich einer Zelle. Der Kontaktwärmeübergang und die Anbindung an die Zellen sind unbekannt, daher muss das Simulationsmodell bei den Untersuchungen des Moduls anhand der Kontaktwärmeübergänge auf das reale Verhalten der Sensoren abgeglichen werden. Als Referenzmessstellen sind während der Messungen mehrere NiCr-Ni Thermoelemente in der Nähe der NTC Sensoren lokalisiert.

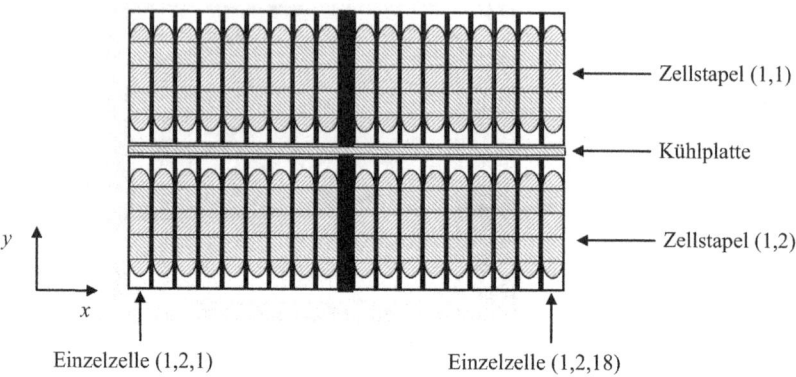

Bild 20: Zweidimensionale Repräsentation des Zellstapelpaars mit der Anbindung an die zentral positionierte Kühlplatte und Darstellung der Einzelzellen.

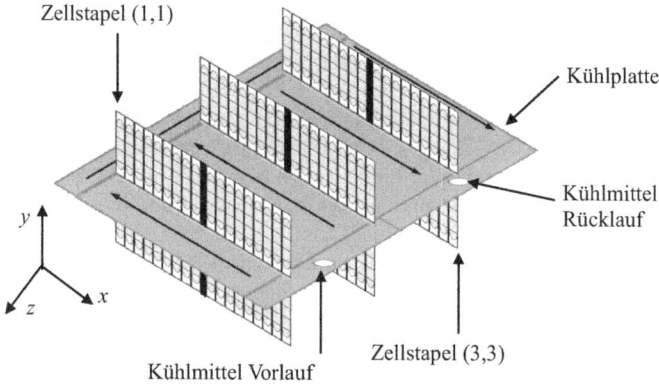

Bild 21: Anbindung der zweidimensionalen Repräsentation der Zellstapel an die zweidimensionale Repräsentation der Kühlplatte mit Darstellung der Durchströmungsrichtung.

3.3.2 Elektrisches Batteriemodell

Als Klemmspannungsmodell der Einzelzelle wird das „RCR" Modell nach Verbrugge et al. [129] verwendet. Dieses Modell beschreibt das elektrische Verhalten der Zelle als homogen. Die Stromdichteverteilung innerhalb der Zelle wird nicht berücksichtigt, daher ist während

3.3 Batteriemodell

der charakterisierenden Messungen der Zelle auf eine möglichst homogene Temperaturverteilung auf der Zelle zu achten (vgl. Fleckenstein et al. [42]).

Jeder elektrische Parallelverbund im Batteriemodell wird über ein eigenes elektrisches Modell beschrieben, um den Temperaturgradient innerhalb der Batterie im Hinblick auf inhomogene Abwärmen zu berücksichtigen. Die elektrischen Parameter weisen neben der Temperaturabhängigkeit und Ladezustandsabhängigkeit auch eine Abhängigkeit der Stromrichtung auf. Zur Bestimmung der Parameter werden Strompulsationen verwendet (vgl. Benger et al. [14]). Messungen der verwendeten prismatischen Zelle werden in einem Temperaturbereich zwischen $\vartheta = 0\,°C$ und $\vartheta = 50\,°C$ durchgeführt. Der Ladezustand wird zwischen den Grenzen $SOC = 15\,\%$ und $SOC = 85\,\%$ variiert. Die Dauer des Pulses entspricht einer Ladezustandsdifferenz ΔSOC kleiner 5 %, um die daraus resultierende Ruhespannungsänderung zu minimieren. Gleichzeitig muss der Puls lange genug sein, um die Zeitkonstante τ zuverlässig bestimmen zu können. Die Ruhezeit zwischen den Pulsen zeigt einen großen Einfluss auf die Bestimmung der Ruhespannung der Zelle.

Die Versuche werden in einem Klimaschrank zur Anpassung der Zelltemperatur durchgeführt. Dabei wird die Temperatur auf der Zelloberfläche mit 16 kalibrierten Thermoelementen des Typs NiCr-Ni überwacht (relativer Messfehler < +/- 0,1 K). Um eine Erhöhung der Zelltemperatur während der Pulse zu verringern, wird zusätzlich über zwei seitlich angebrachte Kühlplatten die entstandene Wärme abgeführt. Zudem wird die Zelle gepresst, um eine Volumenänderung bei Belastung zu verhindern. Hierdurch wird eine möglichst homogene Temperaturverteilung innerhalb der Zelle gewährleistet.

Bild 22 zeigt das verwendete Stromprofil zur Bestimmung der elektrischen Parameter des elektrischen Modells.

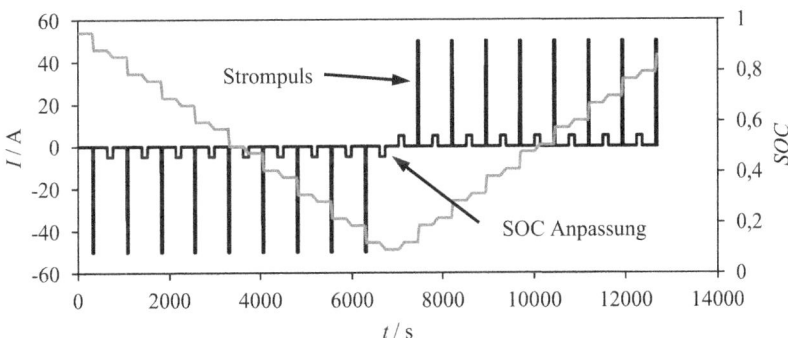

Bild 22: Gesamtes Stromprofil zur elektrischen Charakterisierung der verwendeten Zelle unter Berücksichtigung einer geringen Ladezustand-Differenz während des Strompulses und Ladezustand-Anpassung nach erfolgter Ruhephase.

Bild 23 zeigt die durch Optimierung erzeugten relativen Spannungsabweichungen

$$\delta_U = \frac{U_{Sim} - U_{Exp}}{U_{Exp}} \qquad (3\text{-}15)$$

bei Verwendung einer konstanten Ruhespannung ($OCV = OCV(t = 0)$) und bei einer ladezustandsabhängigen Berücksichtigung der Ruhespannung ($OCV = f(SOC(t))$).

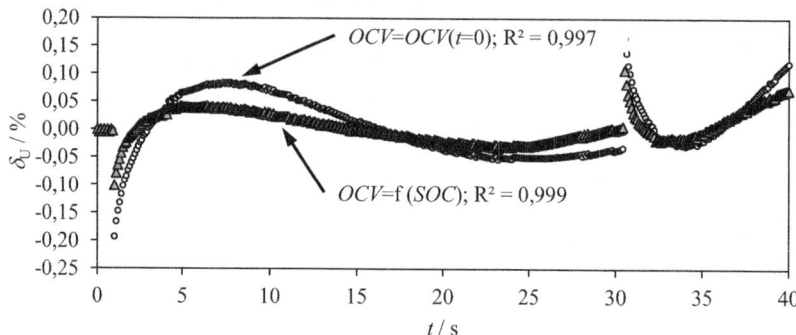

Bild 23: Prozentuale Abweichung δ_U der berechneten Spannungsverläufe gegenüber den gemessenen Wert ($\vartheta_{Zelle} = 30\ °C$; $SOC = 50\ \%$; $I = 50\ A$) unter Annahme konstanter Ruhespannung ($OCV = OCV(t = 0)$) und ladezustandsabhängiger Ruhespannung ($OCV = f(SOC(t))$) über einen Strompuls.

Wenn die Ruhespannung als Funktion des Ladezustands als zeitlich variable Randbedingung bei der Optimierung vorgegeben wird, reduzieren sich die Abweichungen deutlich. Der zeitliche Verlauf der Ruhespannung wird über die Interpolation in Abhängigkeit der verbleibenden Ladungsmenge und der Stromrichtung berücksichtigt. Mithilfe dieser Randbedingung ist es möglich, den Spannungsverlauf für das genannte Klemmspannungsmodell deckungsgleich abzubilden. **Bild 24** stellt den berechneten Spannungsverlauf bei einem 50 A Strompuls sowie die einzelnen Spannungskomponenten gegenüber dem gemessenen Spannungsverlauf dar.

Die Optimierung der Parameter wird bei insgesamt 90 Strompulsen vorgenommen. Es wird zwischen Lade- und Entladepulsen unterschieden und als Resultat ergeben sich acht zweidimensionale Kennfelder der Parameter.

In **Bild 25** zeigt sich deutlich der Temperatureinfluss auf den Parameter R_{D0}. Der Gradient des Innenwiderstands nimmt mit zunehmender Temperatur ab. Desweiteren zeigt sich ein deutlich geringerer Einfluss des Ladezustands auf den ohmschen Widerstand. Der gewonnene Parametersatz wird mit einer zweidimensionalen Kennfeldinterpolation in *Simulink*® integriert. Dieser Vorgang erfolgt für alle Parameter des „RCR" Modells für Lade- und Entladevorgänge.

3.3 Batteriemodell

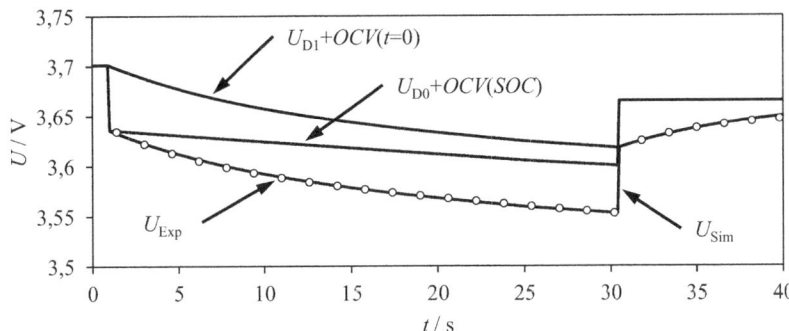

Bild 24: Vergleich des simulierten und gemessenen Spannungsverlaufs bei $\vartheta_{Zelle} = 30\ °C$ und $SOC = 50\ \%$ bei einer Entladung der Zelle mit einem 50 A Strompuls für 30 s und ladezustandsabhängiger Vorgabe der Ruhespannung OCV zur Optimierung.

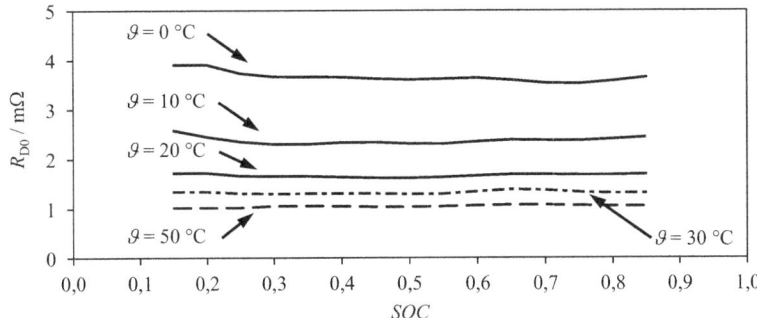

Bild 25: R_{D0} Widerstand im Verhältnis zu $R_{D0,Ref}$ (bei $\vartheta = 30\ °C$ und $SOC = 50\ \%$) des Klemmspannungsmodells im Temperaturbereich $\vartheta = 0\ °C$ bis $\vartheta = 50\ °C$ und Ladezustandsbereich $SOC = 15\ \%$ bis $SOC = 85\ \%$ bei Entladung der Zelle.

Die reversiblen Wärmeströme während der Ladung und Entladung der Zelle werden über den Temperaturgradienten der Ruhespannung

$$\frac{\partial OCV}{\partial T} = f(SOC) \tag{3-16}$$

in Abhängigkeit des Ladezustands beschrieben. Dieser Gradient weist eine Abhängigkeit vom Ladezustand auf (vgl. Nieto et al. [90], Fleckenstein et al. [42]). Bei der betrachteten Zelle ergeben sich für Ladezustände zwischen 40 % und 80 % positive Werte des Ruhespannungsgradienten (vgl. **Bild 26**). In den Randbereichen des Ladezustands ändert sich das Vorzeichen des Gradienten, somit ergeben sich im mittleren Ladezustand eine scheinbar kühlende Wirkung bei Entladung und eine scheinbare Aufheizung bei Ladung der Zelle.

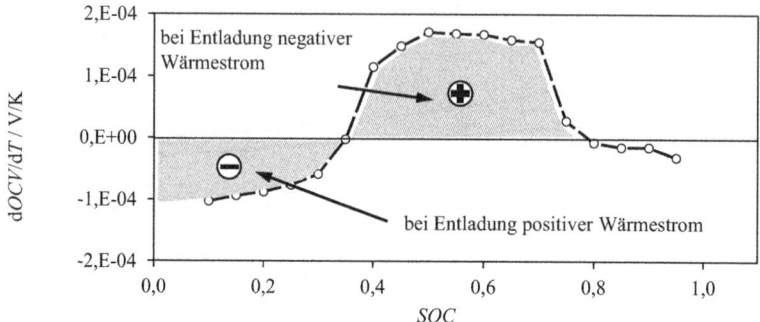

Bild 26: Ruhespannungsgradient $\partial OCV/\partial T$ als Funktion des Ladezustands SOC zur Verdeutlichung des Einflusses von variierenden Ladezuständen auf den Anteil und die Wirkung des reversiblen Wärmestroms infolge einer elektrischen Belastung der Zelle.

Unter Vorgabe des Ladezustand-Startwerts und des Stromverlaufs berechnen sich die Abwärmen und Spannungsniveaus der einzelnen Zellen. Die Interaktion des elektrischen und des thermischen Modells wird durch die thermische Charakteristik der Parameter des Klemmspannungsmodells beschrieben. Das thermische Modell liefert die mittlere Temperatur des aktiven Materials an das elektrische Modell zurück, woraufhin im nächsten Zeitschritt die elektrische Lösung erneut berechnet wird (vgl. **Bild 27**).

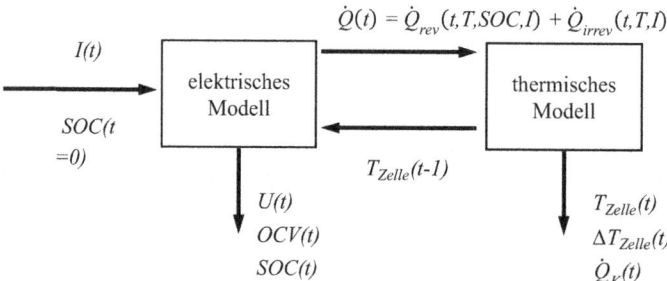

Bild 27: Bidirektionale Wechselwirkung des elektro-thermischen Batteriemodells unter Angabe der ausgetauschten Zustandsgrößen.

Im elektrischen Modell wird die Ladezustandsdifferenz aus dem anliegenden Stromverlauf über den Zeitschritt Δt integriert und der absolute Ladezustand mit dem initiierten Ladezustand $SOC(t=0)$ berechnet. Als Ausgangsgrößen liefert das elektrische Modell den zeitlichen Spannungsverlauf $U(t)$, Ruhespannungsverlauf $OCV(t)$ und Ladezustandsverlauf $SOC(t)$ in Abhängigkeit des Stromes $I(t)$. Das thermische Modell liefert das absolute Temperaturniveau der Zelle $T_{Zelle}(t)$ sowie die Temperaturspreizung $\Delta T_{Zelle}(t)$ und den abgeführten Wärmestrom $\dot{Q}_K(t)$ an das Kühlsystem.

3.4 Gekoppelter Simulationsverbund

Die gezeigten Teilmodelle kommunizieren über die *Middleware* Umgebung, jedes Modell weist dabei spezifische Eingangs- und Ausgangsgrößen auf. Die Startwerte der gewählten Eingangsgrößen werden zentral über die *Middleware* definiert und verwaltet. **Bild 28** zeigt den Simulationsverbund und die bidirektionalen Verbindungen zur *Middleware*. Der Kältemittelkreislauf und das Kühlkreislaufmodell sind in zwei *KULI* Instanzen ausgelagert, um die Leistungsfähigkeit zu erhöhen und eine unabhängig wählbare Zeitschrittweite der jeweiligen Modelle zu ermöglichen.

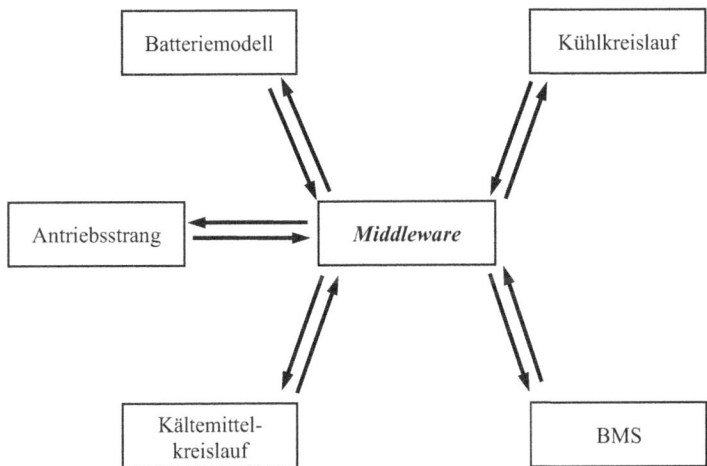

Bild 28: Gekoppelter Simulationsverbund aus Antriebsstrang, Kältekreislaufmodell, Kühlkreislauf, Batteriemanagementsystem und Batterie zur Berechnung der thermoelektrischen Wechselwirkungen des Batteriesystems mit dem Gesamtfahrzeug; die *Middleware* steuert den Informationsaustausch und die Synchronisation der Teilmodelle.

Das Antriebsstrangmodell liefert in Abhängigkeit des hinterlegten Geschwindigkeits- und Höhenprofils den Stromverlauf der Batterie sowie die Fahrgeschwindigkeit. Als Eingangsgrößen werden die benötigte elektrische Leistung der aktiven Komponenten im Kühlsystem, der Ladezustand sowie die Batteriespannung des Batteriemodells und der Kreisläufe zur Verfügung gestellt.

Der Kältekreislauf benötigt die Fahrgeschwindigkeit sowie die Lüfteransteuerung zur Berechnung der Luftdurchsätze an den Kondensatoren. Am Kältemittel-Platten-wärmeübertrager werden der Kühlmittel-Volumenstrom sowie die Eintrittstemperatur aus dem Kühlkreislaufmodell vorgegeben. Aus den Ventilstellungen und der Betriebsart der Kälteanlage resultieren die aktiven Verdampfer und das Regelungsverhalten des Kompressors. Ausgangsgrößen sind der Wärmestrom am Kältemittel-Plattenwärmeübertrager und die elektrische Leistung des Kompressors. Ferner wird zur Regelung der Lüfter das Druckniveau nach Kompressor benötigt, um gegebenenfalls die Lüfterleistung zu erhöhen.

Der Kühlkreislauf empfängt die Pumpendrehzahl vom Batteriemanagementsystem, das die Temperaturspreizung im Kühlmittel mit dem Sollwert abgleicht. Die Ventilstellung im Kühlkreislauf dient der Abschaltung und Zuschaltung der beiden Wärmeübertrager. Das Batteriemodell knüpft über die Kühlplatten an den Kühlkreislauf an, durch Wärmestromquellen wird die flächig verteilt bilanzierte Wärmestrom-Matrix von der Batterie empfangen.

Im Batteriemodell wird die empfangene Referenztemperatur-Matrix des Fluids in die abgeführten Wärmeströme verrechnet, wobei die Wärmeübertragungscharakteristik der Kühlplatte von der inneren Durchströmung abhängt. Der Ladezustand und das Stromprofil pro Zelle werden aus dem Batteriemanagementsystem gewonnen und die resultierenden Spannungsverläufe und Verlustleistungen an die *Middleware* zurück übertragen.

Eine Übersicht der Eingangs- und Ausgangsgrößen zeigen **Tabelle 4** und **Tabelle 5**. Diese Übersichten stellen die benötigten Zustands- und Prozessgrößen dar, zur Auswertung der Ergebnisse werden jedoch weitere Größen von der *Middleware* zentral erfasst. In der *Middleware* werden die Randbedingungen der Simulation vorgegeben. So können sowohl die Umgebungstemperatur als auch die Starttemperatur und der Startwert des Ladezustands über Parameter variiert werden.

3.4 Gekoppelter Simulationsverbund

Tabelle 4: Ein- und Ausgangsgrößen der Kreisläufe im gekoppelten Simulationsverbund.

Modell		Variable	Beschreibung
Kältemittel-kreislauf	Eingang	ϑ_{Umg}	Umgebungstemperatur
		v_{Ref}	Fahrgeschwindigkeit
		$\dot{V}_{KW,KMPWT}$	Volumenstrom Kühlmittel KMPWT
		$\vartheta_{KW,KMPWT,E}$	Eintrittstemperatur Kühlmittel in KMPWT
		$\vartheta_{KW,Bat,E}$	Eintrittstemperatur Kühlmittel in Batterie
		$\vartheta_{KW,Bat,E,Soll}$	Solleintrittstemperatur Kühlmittel in Batterie
		PWM_{KK}	Ansteuerung Lüfter Kondensatoren
		β_{KMV}	Schaltzustand Verdampfer Ventil
		β_{KMPWT}	Schaltzustand KMPWT Ventil
	Ausgang	$\dot{Q}_{KW,KMPWT}$	Wärmestrom KMPWT
		$P_{KMK,el}$	Leistungsaufnahme Klimakompressor
		$P_{L,KK,el}$	Leistungsaufnahme Lüfter Kondensatoren / Hoch-temperaturkühler
		$p_{KM,KMK,A}$	Austrittsdruck Kältemittel nach Kompressor
Kühlkreis-lauf	Eingang	ϑ_{Umg}	Umgebungstemperatur
		v_{Ref}	Fahrgeschwindigkeit
		$\dot{Q}_{KW,KMPWT}$	Wärmestrom KMPWT
		$\underline{\dot{Q}}_{KW,Bat}$	Matrix der Wärmeströme auf der Kühlplatte
		PWM_{NTK}	Ansteuerung Lüfter NT-Kühler
		PWM_{Wapu}	Ansteuerung elektrische Wasserpumpe
		β_{NTK}	Schaltzustand NT-Kühler Ventil
		β_{KMPWT}	Schaltzustand KMPWT Ventil
		β_{PTC}	Schaltzustand Zuheizer
	Ausgang	$\vartheta_{KW,Bat,E}$	Eintrittstemperatur Kühlmittel in Batterie
		$\vartheta_{KW,KMPWT,E}$	Eintrittstemperatur Kühlmittel in KMPWT
		$\underline{\vartheta}_{KW,Bat,Ref}$	Matrix der Referenztemperatur innerhalb der Kühlplatte
		$\dot{V}_{KW,KMPWT}$	Volumenstrom Kühlmittel KMPWT
		$P_{Wapu,el}$	Leistungsaufnahme Wasserpumpe
		$P_{NTK,el}$	Leistungsaufnahme Lüfter NT-Kühler
		$P_{PTC,el}$	Leistungsaufnahme Zuheizer

Tabelle 5: Ein- und Ausgangsgrößen der Batterie, des Batteriemanagementsystem und des Antriebsstrangs im gekoppelten Simulationsverbund.

Modell		Variable	Beschreibung
Antriebsstrang	Eingang	U	Batteriespannung
		$P_{KMK,el}$	Leistungsaufnahme Klimakompressor
		$P_{L,KK,el}$	Leistungsaufnahme Lüfter Kondensatoren / Hochtemperatur-Kühler
		$P_{Wapu,el}$	Leistungsaufnahme Wasserpumpe
		$P_{L,NTK,el}$	Leistungsaufnahme Lüfter NT-Kühler
		$P_{el,PTC}$	Leistungsaufnahme Zuheizer
		SOC	Ladezustand der Batterie
	Ausgang	I	Batteriestrom inkl. Kühlung
		v_{Ref}	Fahrgeschwindigkeit
Batterie	Eingang	I	Batteriestrom inkl. Kühlung
		$\underline{\vartheta}_{KW,Bat,Ref}$	Matrix der Referenztemperatur innerhalb der Kühlplatte
		SOC	Ladezustand der Batterie
	Ausgang	U_{Bat}	Batteriespannung
		$\underline{\dot{Q}}_{KW,Bat}$	Matrix der Wärmeströme auf der Kühlplatte
		ϑ_{BMS}	Referenztemperatur für Regelung
		ΔT_{BMS}	Temperaturdifferenz in Batterie
		$\Delta T_{KW,Bat}$	Kühlmittel Temperaturdifferenz in der Batterie
Batteriemanagementsystem	Eingang	ϑ_{BMS}	Referenztemperatur für Regelung
		I	Batteriestrom inkl. Kühlung
		ΔT_{BMS}	Temperaturdifferenz in der Batterie
		$\Delta T_{KW,Bat}$	Kühlmittel Temperaturdifferenz in der Batterie
	Ausgang	SOC	Ladezustand der Batterie
		PWM_{NTK}	Ansteuerung Lüfter NT-Kühler
		PWM_{Wapu}	Ansteuerung elektrische Wasserpumpe
		PWM_{KK}	Ansteuerung Lüfter Kondensatoren
		β_{KMV}	Schaltzustand Verdampfer Ventil
		β_{KMPWT}	Schaltzustand KMPWT Ventil
		β_{NTK}	Schaltzustand NT-Kühler Ventil
		β_{PTC}	Schaltzustand Zuheizer
		β_{KMPWT}	Schaltzustand KMPWT Ventil
		$\vartheta_{KW,Bat,E,Soll}$	Solleintrittstemperatur Kühlmittel in Batterie

3.5 Zusammenfassung und Bewertung

Zur Simulation des thermischen Systemverhaltens eines Batteriesystems im Fahrzeugverbund kommen mehrere 1D- und pseudo-2D-Modelle zum Einsatz. Die Fluidkreisläufe werden mit Hilfe kommerzieller Simulationstools abgebildet und die einzelnen wärmeübertragenden und strömungsmechanischen Komponenten über die geltenden Gleichungssysteme beschrieben. Bei diesen Kreisläufen stehen die korrekte Abbildung der zu- und abgeführten Wärmeströme sowie die aufzuwendende elektrische Leistung im Vordergrund.

Das Batteriemodell wird analog zum realen Bauteil aus modularen Einzelteilen aufgebaut, um die Skalierbarkeit und einen einheitlichen Aufbau zu gewährleisten. Hierzu werden das thermische und das elektrische Verhalten über die thermoelektrischen Wechselwirkungen der Leistungscharakteristik verknüpft. Dieser Ansatz kann zur Bewertung der maximalen, minimalen und mittleren Batterietemperatur sowie der Einzelzelltemperaturen verwendet werden.

Die Abstrahierbarkeit des thermischen Modells sowie des elektrischen Verhaltens hängt von mehreren Faktoren ab. Erfolgt die Wärmeabfuhr in drei Raumrichtungen und über unterschiedliche Wärmeübertragungseffekte, gestaltet sich der modulare Aufbau des Batteriemodells deutlich schwieriger. Aufgrund der stark anisotropen Wärmeleiteigenschaften tritt eine Inhomogenität der Temperaturverteilung und der Wärmeströme auf. Zur Abbildung dieser Effekte ist es notwendig, ein 3D-Simulationsmodell in einer geeigneten Simulationsumgebung umzusetzen. Das 3D-Modell wirkt sich im gekoppelten Simulationsverbund jedoch stark verzögernd auf die Simulationszeiten aus, daher können nicht alle Entwicklungsschleifen mit diesem Modell vollzogen werden. Es gilt, die für die Auslegung des Kühlsystems relevanten Systemwechselwirkungen zu analysieren und ein abstrahiertes Modell der Batterie zu extrahieren, das im Simulationsverbund eingebunden werden kann. Ferner ist das abgeleitete pseudo-2D-Modell der Batterie nur eingeschränkt in der Lage, Konzepte einer Batterie thermisch zu bewerten, wenn keine Messdaten zur Kalibrierung zur Verfügung stehen. Auch hier kann ein 3D-Batteriemodell dazu beitragen, Konzeptbewertungen mit höherer Aussagegüte zu erhalten und nahtlos mit der Konstruktion zusammen zu arbeiten, um auch Detailänderungen zu bewerten.

In Bezug auf die elektrische Abstrahierbarkeit einer Einzelzelle kann ein Klemmspannungsmodell nur Verwendung finden, wenn das Zelldesign unverändert bleibt und die thermischen Betriebsbedingungen keine Rückwirkung auf das räumliche elektrische Betriebsverhalten haben. Bei der Parametrisierung von Zellen wird inhärent eine bestimmte Temperaturverteilung aufgeprägt. Stellt sich nun im späteren Batteriepack eine abweichende Temperaturverteilung ein, bewirkt dies eine abweichende Stromdichteverteilung und damit eine Änderung der Abwärmecharakteristik. Diesem Umstand sind räumlich diskretisierte gekoppelte thermoelektrische Batteriemodelle geschuldet. Das dreidimensionale elektrische Verhalten wird in Abhängigkeit des Aufbaus aus Elektroden, Stromkollektoren und Separatoren diskretisiert und die sich einstellende Stromdichteverteilung direkt gelöst. Ein Beispiel zur Anwendung dieser Methodik beschreibt das Kooperationsprojekt „Entwicklung und Validierung eines thermischen Simulationsmodells einer Li-Ionen-Batterie von Hybrid- und Elektrofahrzeugen" des Automotive Simulation Center Stuttgart (asc(s)) [8] mit den Projektpartnern Dr. Ing. h.c. F. Porsche AG, CD-Adapco und Battery Design LLC. Weitere Anwendung findet diese Methode bei einem abweichenden Zelldesign, um die thermischen Einflüsse aufzulösen. Sobald umfassende Änderungen am eingebrachten Aktivmaterial an Anode / Kathode, an den Abmessungen der Elektroden oder des Separators vorgenommen werden, sind jedoch auch dieser Methode Grenzen gesetzt. Eine Überleitung der gemessenen elektrischen Charakteristika ist nur erschwert möglich, so dass physikochemische Modelle eingesetzt werden müssen. Anhand dieser Modelle werden die geltenden elektro-chemischen Gleichungen für das jeweilige System aufgestellt und die lokalen Reaktionen in den Elektroden und im Elektrolyt gelöst.

4 Experimentelle Untersuchungen und Validierung

Die in Kapitel 0 beschriebenen Simulationsmodelle erfordern die Ermittlung von Modellparametern auf Basis experimenteller Untersuchungen. Zudem ist die Validierung der Teilmodelle essentiell, um die Güte der mit Hilfe des gekoppelten Simulationsverbunds erlangten Erkenntnisse zu bewerten. Basierend auf Komponenten-, Kreislauf- und Fahrzeugmessungen sollen die nachfolgenden Ergebnisse bewertet und eingeordnet werden. Bei den Kreislaufuntersuchungen wird auf bestehende Messdaten zurückgegriffen. Die thermoelektrischen Untersuchungen an Einzelzellen und dem verwendeten Batteriemodul wurden im Rahmen dieser Arbeit durchgeführt. Die Gesamtfahrzeugmessungen wurden im Rahmen eines Serienentwicklungsprojekts um zusätzliche Messgrößen ergänzt, um die Wechselwirkungen zwischen den Komponenten und Kreisläufen messtechnisch zu erfassen.

4.1 Validierung des Kühlkreislaufmodells

Der Kühlkreislauf wird getrennt vom Simulationsverbund unter Vorgabe der Pumpendrehzahl und der mittleren Kühlmitteltemperatur mit gemessenen hydraulischen Daten der Dr. Ing. h.c. F. Porsche AG [28] verglichen. Aus den gemessenen Druckverlusten und Volumenströmen werden die dimensionslosen Druckverlustcharakteristika der Komponenten des Kühlmittelkreislaufs bestimmt. Der im Simulationsverbund betrachtete Kühlkreislauf weicht durch den NT-Kühler von den experimentellen Kreislaufuntersuchungen ab, weshalb dieser über vorhandene Komponentendaten abgebildet werden muss. Bei der Bestimmung der Kühlmittelvolumenströme wird die Drehzahl der elektrischen Wasserpumpe variiert, um den gesamten Leistungsbereich zu erfassen. Die Messung der Volumenströme erfolgt berührungslos über magnetisch-induktive Durchflussmessgeräte mit einer Messungenauigkeit von 0,2 % des Messwerts. Die Druckmessung erfolgt über Ringmessstellen, die den statischen Druck an mehreren Umfangspositionen messen und als Mittelwert ausgeben. Die Messgenauigkeit einer Druckmessstelle inkl. Messdatenerfassung beträgt 7 mbar, so dass Druckdifferenzen mit einer absoluten Genauigkeit von 14 mbar erfasst werden können [27]. Die Durchsätze des Ladegeräts können aufgrund der Einbausituation nicht direkt gemessen werden. Eine zuvor durchgeführte Kalibrierung des Ladegerätdurchsatzes ermöglicht später die Rückrechnung der Durchsätze anhand der Druckdifferenz.

Bild 29 zeigt den gemessenen relativen Volumenstrom bzgl. des Maximalwerts

$$\chi_{Hyd,Exp} = \frac{\dot{V}_{Exp}}{\dot{V}_{Exp,max}} \tag{4-1}$$

aufgetragen über dem simulierten relativen Volumenstrom

$$\chi_{Hyd,Sim} = \frac{\dot{V}_{Sim}}{\dot{V}_{Exp,max}} \qquad (4\text{-}2)$$

im Kühlmittelkreislauf für das Ladegerät und den Kältemittel-Plattenwärmeübertrager.

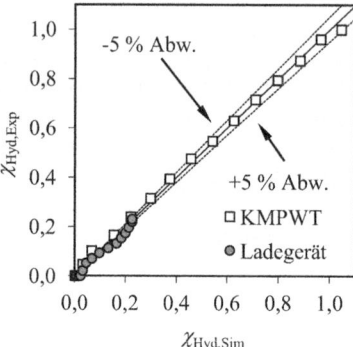

Bild 29: Darstellung der gemessenen relativen Volumenströme $\chi_{Hyd,Exp}$ über den simulierten relativen Volumenströmen $\chi_{Hyd,Sim}$ im Kühlmittelkreislauf. Die relativen Volumenströme im Kältemittel-Plattenwärmeübertrager (KMPWT) und Ladegerät sind bezogen auf den maximalen Messwert des Durchsatzes im KMPWT. Dargestellt ist zusätzlich eine Abweichung von +/- 5 %.

Die Abweichung der berechneten Volumenströme im Kältemittel-Plattenwärmeübertrager ist kleiner 5 % vom Messwert über den gesamten Drehzahlbereich der Pumpe. Die gute Übereinstimmung des hydraulischen Systemverhaltens bis 90 % des maximalen Durchsatzes stellt die korrekte Berechnung der Temperaturspreizung (bei Annahme korrekter Wärmeeintragsberechnung) über den Komponenten sicher. Das Ladegerät weist deutlich niedrigere Durchsätze als der Kältemittel-Plattenwärmeübertrager aus, da zur Durchsatzsteigerung ein Bypass am Ladegerät verwendet wird. Die Durchsätze im Ladegerät weisen die höchsten Abweichungen auf. Da dieses in den folgenden Untersuchungen jedoch nicht in Betrieb ist, zeigt sich dadurch kein negativer Einfluss.

4.2 Validierung des Kältekreislaufmodells

Zur Validierung des Kältekreislaufmodells werden stationäre Messpunkte mit einem separaten stationären *KULI* HVAC Simulationsmodell abgeglichen. Die Messdaten der Kältemittelkreislauf-Untersuchungen wurden durch die Dr. Ing. h.c. F. Porsche AG zur Verfügung gestellt [26]. Bei den vorhandenen Messungen wurden die Wärmeübertrager durch vorgeheizte bzw. gekühlte Luft beaufschlagt. Der Kältemittel-Plattenwärmeübertrager wird über einen separaten Kühlmittelkreislauf versorgt, wobei über einen Zuheizer die thermische Last der Batterie aufgebracht wird. Basierend auf den gemessenen Drücken und Temperaturen wird außerhalb des Nassdampfgebiets die spezifische Enthalpie über die Stoffdatenbank von R134a bestimmt. Für R134a steht die „National Institute of Standards and Technology" Datenbank [127] zur Verfügung. Kältemittelseitig kann der Wärmestrom der Klimakondensatoren nur in Summe bilanziert werden, da der Austritt des rechten Klimakondensators im Nassdampfgebiet liegt. Die Bilanzierung der Aufteilung zwischen linkem und rechtem Kondensator erfolgt über die luftseitig bestimmten Wärmeströme. Die verwendete Drucksensorik weist eine Messunsicherheit von ≤ +/- 0,25 % des Messwerts auf, wobei ein Messbereich zwischen 0 bar und 40 bar möglich ist. Die Temperaturen im Kreislauf werden über kalibrierte Thermoelemente des Typs NiCr-Ni (Typ K) mit einer nominellen Messunsicherheit von +/- 2 K erfasst. Zusätzlich müssen die Massenströme im Kreislauf bestimmt werden. Diese werden über Coriolis Massendurchflussmesser mit einem Messbereich von 0,25 kg/min bis 20 kg/min gemessen. Die Messunsicherheit beträgt maximal 0,5 % bei der minimalen Durchflussmenge. Zur Bestimmung der luftseitigen latenten Wärmen am Verdampfer kommen kalibrierte Taupunktsensoren mit einer Temperatur-Messunsicherheit von +/- 0,1 K und einer Messunsicherheit von +/- 0,7 % der relativen Feuchte sowie + 2 % vom Messwert zum Einsatz.

Beim Betrieb des Kältemittelkreislaufs wird zwischen reinem Kältemittel-Plattenwärmeübertrager (im weiteren Verlauf als Zustand „AC01" bezeichnet) und Verdampfer plus Kältemittel-Plattenwärmeübertrager-Betrieb (im weiteren Verlauf als Zustand „AC02" bezeichnet) unterschieden. Die Bilanzierung der kältemittelseitigen Leistung im Verdampfer und Kältemittel-Plattenwärmeübertrager erfolgt über die Enthalpiedifferenz des überhitzten Kältemittels am Austritt und des unterkühlten Kältemittels am Eintritt in das Expansionsventil. Durch Restanteile an nicht verdampftem oder nicht kondensiertem Kältemittel wird die Messgenauigkeit beeinflusst. Die Unsicherheiten durch Temperatur-, Druck- und Massenstrommessung summieren sich bei dieser Bilanzmethodik. Der Expansionsvorgang innerhalb des Expansionsventils wird als isenthalp vorausgesetzt (vgl. Aguilar [1]). Aus der Summe der dem Kreislauf zugeführten Wärmeströme und der gemessenen elektrischen Antriebsleistung berechnet sich letztlich die Leistungsziffer ε_K des Kältekreislaufs.

Bild 30 zeigt den Vergleich der gemessenen relativen Leistungsziffer $\chi_{COP,Exp}$ und der gemessenen relativen elektrischen Leistung des Kompressors $\chi_{KMK,Exp}$ aufgetragen über den simulierten Werten der relativen Leistungsziffer $\chi_{COP,Sim}$ und der berechneten elektrischen Leistungsaufnahme $\chi_{KMK,Sim}$. Die berechnete Verdichterleistung weicht in beiden Betriebszuständen um -12 % bis +11 % vom gemessenen Wert ab. Im Zustand „AC02" wird die Leistung des Verdichters im Mittel unterprognostiziert. In diesen Betriebspunkten werden höhere Massenströme gefördert, was bei gleicher Drehzahl aufgrund der Liefergradcharakteristik zu niedrigeren Druckverhältnissen führt. In diesem Bereich des Kompressor-Kennfelds stehen nur wenige Messpunkte zur Verfügung, weshalb eine Extrapolation im Kennfeld erfolgen muss. Die Extrapolation wird über eine Polynom-Regression durchgeführt. Diese Regression birgt naturgemäß Unsicherheiten. Der Liefergrad wird über die elektrische Verdichterleistung gebildet, daher werden die Leistungsziffern im Modell im Zustand „AC02" unterprognostiziert.

Nach **Bild 31** zeigt die berechnete relative Leistung des Kältemittel-Plattenwärmeübertragers $\chi_{\text{KMPWT,Sim}}$ für den Betriebszustand „AC01" Abweichungen zwischen -7 % und +1 % vom Messwert $\chi_{\text{KMPWT,Exp}}$. Wird der Verdampfer zugeschaltet, steigt die simulierte Leistung des Kältemittel-Plattenwärmeübertragers gegenüber der gemessenen Leistung tendenziell an, was in Abweichungen zwischen -2 % und +8 % bei relativen Leistungen größer 60 % resultiert.

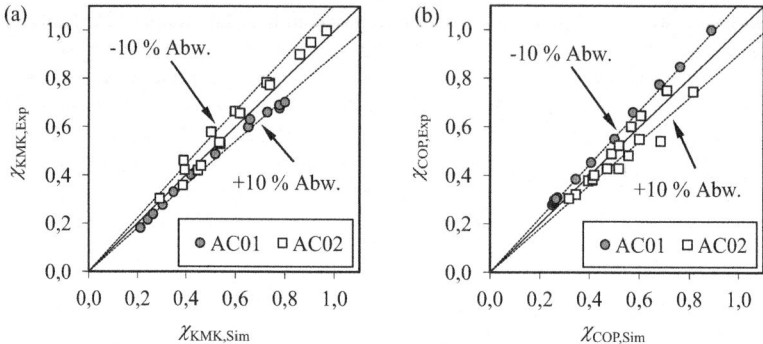

Bild 30: Vergleich der gemessenen und simulierten relativen Prozessgrößen im Kältemittelkreislauf in stationären Betriebspunkten. (a) Darstellung der relativen gemessenen Leistungsaufnahme des Kompressors $\chi_{\text{KMK,Exp}}$ über dem simulierten Wert $\chi_{\text{KMK,Sim}}$ für die Betriebszustände „AC01" und „AC02". (b) Darstellung der relativen gemessenen Leistungsziffer $\chi_{\text{COP,Exp}}$ über dem simulierten Wert $\chi_{\text{COP,Sim}}$ für die Betriebszustände „AC01" und „AC02". Abweichungen von +/- 10 % über Geraden dargestellt.

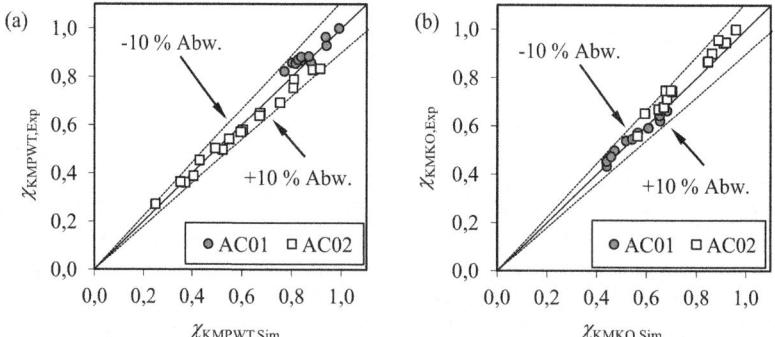

Bild 31: Vergleich der gemessenen und simulierten relativen Prozessgrößen im Kältemittelkreislauf in stationären Betriebspunkten. (a) Darstellung der relativen gemessenen Kühlleistung $\chi_{\text{KMPWT,Exp}}$ des Kältemittel-Plattenwärmeübertragers über dem simulierten Wert $\chi_{\text{KMPWT,Sim}}$ für die Betriebszustände „AC01" und „AC02". (b) Darstellung der relativen gemessenen Wärmeströme am Kondensator $\chi_{\text{KMKO,Exp}}$ über dem simulierten Wert $\chi_{\text{KMKO,Sim}}$ für die Betriebszustände „AC01" und „AC02".

4.2 Validierung des Kältekreislaufmodells

Verbunden mit der höheren Leistung zeigt sich ein Anstieg in den Kältemittelmassenströmen im Kältemittel-Plattenwärmeübertrager, wobei der Massenstrom am Verdichter eine gute Übereinstimmung mit dem Versuch aufweist. Diese resultierende Ungleichverteilung der Massenströme zwischen Kältemittel-Plattenwärmeübertrager und Verdampfer ist auf die Betriebscharakteristik des thermostatischen Expansionsventils zurückzuführen. Die berechnete relative Leistung der Kondensatoren $\chi_{KMKO,Sim}$ wird in beiden Betriebsvarianten anhand des Simulationsmodells mit einer Abweichung von +2 % bis -10 % gegenüber den gemessenen Werten $\chi_{KMKO,Exp}$ beschrieben. Am rechten Kondensator werden mehr als 58 % des Gesamtwärmestroms abgegeben und es zeigt sich eine deutlich höhere Leistungsspreizung am rechten Kondensator. Das Wärmeübertragungsverhalten der Kondensatoren wird über Korrekturfaktoren der Korrelationen für den inneren und äußeren Wärmeübergang an die Messwerte angepasst. Da der Verdichter einen in Versuch und Simulation übereinstimmenden Kältemittelmassenstrom liefert, ergeben sich zusammen mit der vorgegebenen außenseitigen Durchströmung ebenso gut übereinstimmende Wärmeübergänge.

Nach **Bild 32 (a)** zeigt die Überhitzung am Kältemittel-Plattenwärmeübertrager nach Abstimmung der Komponenten eine Übereinstimmung von +/- 2 K mit den gemessenen Werten mit Ausnahme von drei Betriebspunkten. Die Überhitzung des gasförmigen Kältemittels ist definiert als die Differenz der Temperatur des Kältemittels am Verdampferaustritt bei einem bestimmten Druck abzüglich der Siedetemperatur bei diesem Druckniveau [103]. Die Vorgabe der Überhitzung erfolgt als Funktion des Siedetemperaturniveaus am Austritt des Kältemittel-Plattenwärmeübertragers und wird aus Versuchsergebnissen über eine lineare Regression abgebildet. Das Verdampfer-Expansionsventil (vgl. **Bild 32 (b)**) zeigt hohe Abweichungen gegenüber der Messung. Eine Regression der gemessenen Überhitzungswerte ist nur erschwert möglich. Die Beeinflussung des Wärmeübertragungsverhaltens durch die einzustellende Überhitzung führt zu abweichenden Massenstromaufteilungen zwischen den Verdampfern. Da das Leistungsverhalten des Klima-Plattenwärmeübertragers in einem Toleranzband von +/- 10% des gemessenen Wärmestroms liegt, wird diese Abweichung jedoch toleriert. Sobald der Verdampfer allerdings nicht als Wärmestromquelle, sondern als Wärmeübertrager modelliert wird, muss das Verhalten des thermostatischen Expansionsventils detailliert abgebildet werden.

Zur Erläuterung des Einflusses der Kältemittel-Überhitzung auf den Wärmeübergang wird am Beispiel des Kältemittel-Plattenwärmeübertragers eine Sensitivitätsanalyse durchgeführt. Bei steigender Überhitzung sinkt der relative Wärmeübergang

$$\chi_{kA} = \frac{kA}{kA_{Ref}} \tag{4-3}$$

aufgrund gasförmiger Durchströmung der letzten Plattensegmente (vgl. **Bild 33**).

Dieser Effekt verstärkt sich bei hohen relativen Volumenströmen

$$\chi_V = \frac{\dot{V}_{KW}}{\dot{V}_{KW,Ref}} \tag{4-4}$$

im Kühlmittel, so dass bei 10 K Überhitzung der Wärmeübergang um 15 % gegenüber dem Referenzpunkt bei 0 K Überhitzung abnimmt. Die Untersuchungen werden bei konstantem Eintrittsdruck und spezifischer Enthalpie durchgeführt, wobei der Kältemassenstrom entsprechend der geforderten Überhitzung geregelt wird.

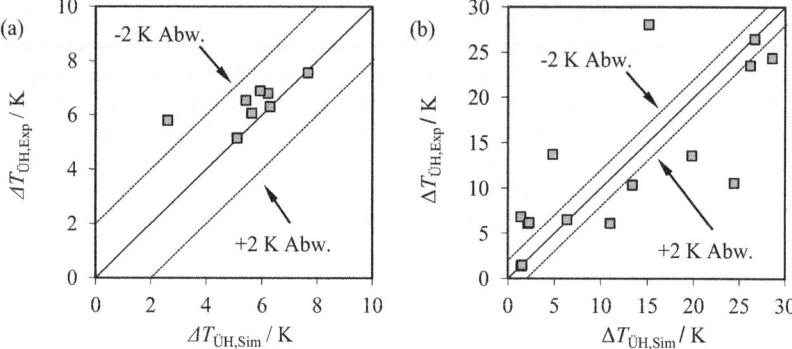

Bild 32: Darstellung der gemessenen Überhitzung $\Delta T_{\text{ÜH,Exp}}$ über der berechneten Überhitzung $\Delta T_{\text{ÜH,Sim}}$ am (a) Kältemittel-Plattenwärmeübertrager und (b) Verdampfer. +/- 2 K Abweichung zur Einordnung als Geraden dargestellt.

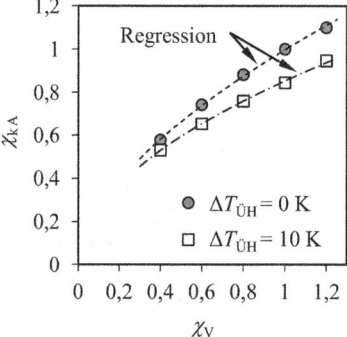

Bild 33: Berechneter relativer Wärmeübergang χ_{kA} des Kältemittel-Plattenwärmeübertragers in Abhängigkeit der Kältemittel-Überhitzung am Austritt und des Kühlmittelvolumenstroms bei konstantem Druckniveau und Dampfgehalt des Kältemittels am Eintritt. Die positive Überhitzung von 10 K bewirkt eine gasförmige Durchströmung der letzten Segmente im Wärmeübertrager und reduziert den Wärmeübergang um ca. 20 %.

4.2 Validierung des Kältekreislaufmodells

Neben den Prozessgrößen gilt es auch, die Zustandsgrößen im Kältemittelkreislauf bzgl. der Simulationsgüte des Modells zu überprüfen. **Bild 34** zeigt den Vergleich zweier Betriebspunkte bei unterschiedlicher Umgebungstemperatur und Kompressordrehzahl.

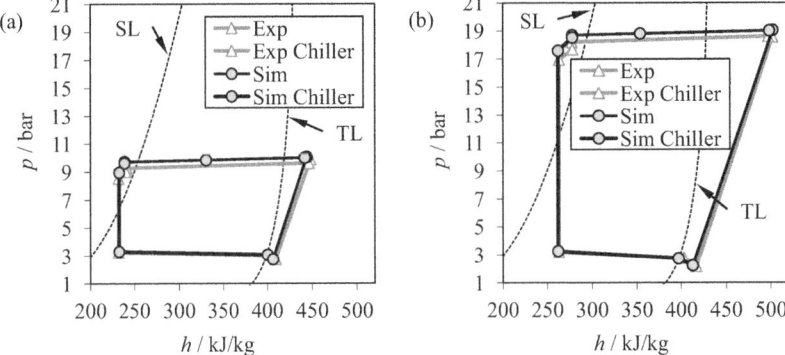

Bild 34: Vergleich zweier stationärer Betriebspunkte bei (a) $n_{KMK} = 4400$ 1/min; $\vartheta_{Umg} = 20\ °C$ und (b) $n_{KMK} = 8600$ 1/min; $\vartheta_{Umg} = 50\ °C$ zwischen Simulation und Messung inkl. Siedelinie (SL) und Taulinie (TL) von R134a; gute Übereinstimmung auf der Saugseite, zu hohes Hochdruckniveau in der Simulation.

Das Druckniveau und das Druckverhältnis variieren bei geänderten Umgebungsbedingungen und geänderter Kompressordrehzahl stark. Um bei hohen Umgebungstemperaturen die aufgenommene Wärme an die Umgebung abführen zu können, muss das Druckniveau nach Verdampfer so weit ansteigen, bis die Temperaturdifferenz zwischen Kältemittel und Umgebungstemperatur die Wärmeabfuhr gewährleistet. Zur Bereitstellung des benötigten Massenstroms wird im Simulationsmodell das Druckniveau aus der Liefergrad-Charakteristik des Kompressors gewonnen. Dieses Druckverhältnis legt das Saugdruckniveau fest. Dieses definiert wiederum das Verdampfungsdruckniveau und damit die Referenztemperatur der Verdampfer. Die simulierten Druckniveaus und spezifischen Enthalpien zeigen eine gute Übereinstimmung mit den gemessenen Daten. Die Enthalpiedifferenz am Verdichter zeigt zusammen mit dem Druckverhältnis eine gute Deckung des isentropen Wirkungsgrads des Kompressors.

Die Übereinstimmung der Prozess- und Zustandsgrößen der stationären Kältekreislaufsimulation ermöglicht die Bewertung über einen Umgebungstemperaturbereich von $\vartheta_{Umg} = 20\ °C$ bis $\vartheta_{Umg} = 50\ °C$. Die Kompressordrehzahl kann zudem über einen großen Bereich variiert werden. Aus den gezeigten Größen lassen sich zusammen mit dem Kühlkreislaufmodell die sich einstellenden Fluidtemperaturen am Kältemittel-Plattenwärmeübertrager berechnen. Die Kompressorleistung zeigt in dem Fall eine Abhängigkeit vom Betriebspunkt und von den Umgebungseinflüssen.

Der Kältemittelkreislauf kann mit dem vereinfachten Ansatz der Modellierung der 2-Phasenströmung in *KULI* HVAC mit einer Simulationsgüte von -11 % bis +12 % bzgl. der Prozessgrößen abgebildet werden. Die Leistungsziffer ε_K wird aus mehreren Prozessgrößen gebildet, so dass Abweichungen größer 10 % möglich sind. Die größten Unsicherheiten weisen die thermostatischen Expansionsventile auf. Zur Reduktion der gezeigten Abweichungen in den Massenströmen und den resultierenden Leistungen des Kältemittel-Plattenwärmeübertragers müssen diese zukünftig detaillierter betrachtet werden. Eine weitere Unsicherheit stellt der in *KULI* berücksichtigte Ölanteil im Kältemittel als Skalierung der Druckverluste und Wärmeübergangszahlen in den Wärmeübertragern dar. Burger und Statler [114] weisen auf den großen Einfluss des Ölanteils hin, der eine Absenkung der Austrittstemperatur des Verdichters sowie eine Steigerung des Druckverlusts der Wärmeübertrager bewirkt. Durch interne Ölabscheider kann der umlaufende Ölanteil deutlich reduziert werden, in den betrachteten Untersuchungen sind die Ölumlaufanteile kleiner 6 %. Zur Simulation des Kältemittelkreislaufs als Teil des Simulationsverbunds sind die genannten Genauigkeiten ausreichend.

Die Regelung der Kühlleistung auf das Kühlmitteltemperaturniveau vor der Batterie sorgt für eine Anhebung oder Reduzierung der Kompressordrehzahl. Eine Unsicherheit zeigt sich daher in unter- oder überprognostizierten Kompressorleistungen und abzuführenden Wärmeströmen an den beiden Kondensatoren. Weicht die Kompressorleistung um 15 % von der realen Leistung ab, wird der Kondensatorwärmestrom um maximal 5 % zu hoch berechnet. Im Folgenden besteht der Einsatzzweck des Kältemittelkreislaufs in der Bereitstellung von Kühlleistungen bei Umgebungstemperaturen, die höher als die gewünschte Kühlmitteltemperatur sind, sowie bei Maximalkühlung. Der Innenraum wird über bereits genannte Wärmestromvorgaben abgebildet, um die Regelung möglichst realitätsnah zu gestalten, ohne ein Kabinenmodell integrieren zu müssen.

4.3 Thermoelektrische Untersuchungen an Einzelzellen

Die Beschreibung der Einzelzelle über ein pseudo-zweidimensionales thermisches Modell und das elektrische Ersatzschaltbild erfordert die Validierung anhand elektrischer Lastprofile. Für den angestrebten Einsatz des Klemmspannungsmodells zur Simulation im Rennstreckenbetrieb finden sich keine Vorarbeiten in der Literatur. Das Ersatzmodell muss in der Lage sein, Stromgradienten bis 350 C-Raten pro Sekunde mit hoher Genauigkeit in eine Spannungsänderung zu überführen. Durch das breite Betriebsspektrum des Fahrzeugkonzepts muss die Simulationsgüte über einen großen Temperatur- und Ladezustandsbereich aufrechterhalten werden. Nachfolgend wird daher auf vier unterschiedliche Stromprofile zurückgegriffen, die einen Temperaturbereich zwischen 15 °C und 45 °C sowie einen Ladezustandsbereich zwischen 20 % und 90 % abdecken. Zusätzlich zu Rennstreckenprofilen wird eine Stadtfahrt zur Validierung des Spannungs- und Temperaturverhaltens bei Stromgradienten kleiner 140 C-Raten pro Sekunde untersucht.

4.3 Thermoelektrische Untersuchungen an Einzelzellen

Die Einzelzelle stellt die kleinste elektrische Einheit des gesamten Batteriemodells dar. Durch serielle und parallele Verschaltung werden Module und schließlich die Traktionsbatterie gebildet. Es ist daher notwendig, die Simulationsgüte des Einzelzellmodells im Vergleich zum Modul zu untersuchen. Sind Spannungseffekte durch die Verschaltung der thermoelektrischen Einzelzellen nicht darstellbar, deutet dies auf eine Inhomogenität zwischen den Zellen oder sekundäre Verluste in den elektrischen Verbindungen und Leitungen hin. Alle folgenden Untersuchungen werden mit einer Zelle durchgeführt, somit ist die Übertragbarkeit zwischen den Profilen gewährleistet. Die reale Kühlungskonfiguration wird über einen Kühlkörper am Fuß der Zelle umgesetzt. Dieser prägt bei Belastung der Zelle einen Temperaturgradienten in y-Richtung der Zelle auf.

4.3.1 Versuchsaufbau

Die Untersuchungen an den Einzelzellen werden in einem temperierten Prüfraum mit angebundener Kühlplatte bei der Porsche Engineering Group GmbH durchgeführt [27]. Durch die Temperierung am Prüfstand wird die Zelle zu Beginn der Tests thermisch konditioniert und Wärmeübergänge an die Umgebung werden reduziert. Bei unterschiedlicher Kühlmittel- und Umgebungstemperatur zeigt sich im eingeschwungenen Zustand eine Temperaturdifferenz zwischen Zelle und Kühlmittel. Da eine Wärmeleitung an den Prüfraum durch Isolation unterbunden wird, kann dieser Effekt nur durch einen Wärmeübergang infolge erzwungener Konvektion im Prüfraum erklärt werden. Dieser konvektive Wärmeübergang wird über einen Ersatzwärmeübergang kalibriert, dabei wird die gemessene Prüfraumtemperatur berücksichtigt. Darüber hinaus wird eine quasi-stationäre Messung zur Kalibrierung des Kontaktwärmeübergangs an die Kühlplatte vorgenommen. Zur Untersuchung der Oberflächentemperaturen werden 19 aufeinander kalibrierte NiCr-Ni (Toleranzklasse 1; nominelle Messungenauigkeit +/- 1,5 K) punktförmige Thermoelemente an der Zelle appliziert und mittels Kapton® elektrisch isoliert. Für künftige Messungen bietet sich der Einsatz von Messmitteln geringerer Messunsicherheit, z.B. PT100 Elementen (Messungenauigkeit +/- 0,25 K), an, da die Temperaturänderungen der Zelle kleiner 15 K sind. Im Folgenden wird der Messfehler der verwendeten Temperatursensoren über die Homogenität im Startzustand und Endzustand eingeordnet.

Im Mittelschnitt der Zelle sind acht Thermoelemente angeordnet, um die pseudozweidimensionale Repräsentation der Zelle im Modell validieren zu können. Flächen ohne Kühlungsanbindung werden durch Isolation gegenüber dem Prüfraum isoliert, jedoch müssen die Zellen im Betrieb an den Seitenflächen gepresst werden, um eine Zellausdehnung zu unterbinden. Durch die Pressung an den Seitenflächen kann es zu einem Wärmeaustausch zwischen den Druckplatten und der Zelle kommen.

Die verwendete Spannungsmesstechnik weist einen maximalen absoluten Messfehler von +/- 0,2 % des Messwerts auf. Bei einer Nominalspannung U_{nom} = 3,7 V beträgt der maximale Messfehler somit +/- 7,4 mV. Bei einer voll aufgeladenen Zelle erhöht sich dieser auf +/- 8,4 mV, allerdings ist bei entladener Zelle eine Messgenauigkeit von 6,0 mV zu erwarten. Das vorgestellte Simulationsmodell der Einzelzelle wird unter Vorgabe des Stromprofils, der

Kühlungskonfiguration und der Startbedingungen mit den gemessenen Temperaturen und Spannungen verglichen. Das Modell der Einzelzelle wird freigestellt und ohne die restlichen Teilmodelle des Simulationsverbunds untersucht, um dessen Simulationsgüte zu quantifizieren.

Bild 35 zeigt die verwendete prismatische Zelle des Typs „HEV" nach DIN SPEC 91252 [23]. Die Temperatursensoren sind auf der Oberfläche der Zelle angeordnet.

Ein Öffnen der Zellen ist aus Geheimhaltungsgründen im Rahmen dieser Arbeit nicht möglich. Die maximalen Temperaturen im Inneren der Zelle werden mit Hilfe des thermischen Modells prognostiziert. Der Fokus der folgenden Bewertungen liegt auf der elektrischen Beschreibung zusammen mit der Temperaturspreizung und dem Temperaturniveau. Die Kalibrierung des pseudo-2D-Modells erfolgt durch den zunächst unbekannten Kontaktwärmeübergang zwischen Zelle und Kühlplatte und die thermische Anbindung zwischen der Fußfläche der Zelle sowie der Seitenfläche.

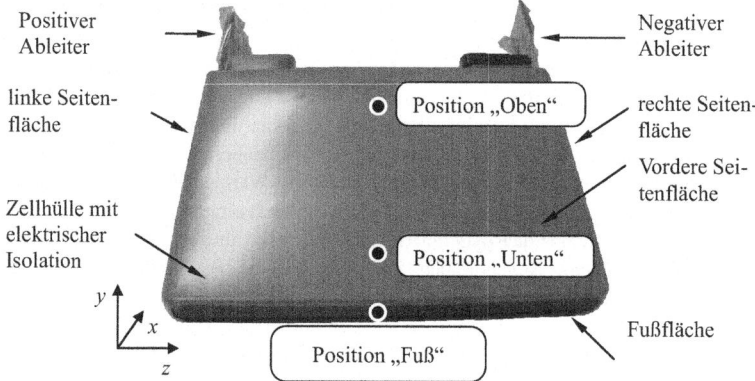

Bild 35: Gewickelte prismatische Zelle des Typs „HEV" mit Darstellung ausgewählter Auswertepositionen auf der Vorderseite und Fußfläche der Zelle.

Das kalibrierte Modell wird anschließend zur Berechnung der Temperaturverläufe in den dynamischen Fahrprofilen verwendet. Die gewonnenen Erkenntnisse werden von der Einzelzelle auf das Batteriemodul übertragen und deren Anwendbarkeit überprüft. Bei den späteren Untersuchungen am Batteriemodul können Thermoelemente nur an den rechten und linken Seitenflächen der Zellen angebracht werden, da die Einzelzellen im Modul verspannt sind. Um eine Übertragbarkeit der seitlich gemessenen Temperaturen auf die Temperaturen im Mittelschnitt zu bestätigen, muss bei den folgenden Untersuchungen der Temperaturgradient in z-Richtung experimentell betrachtet und die Übertragbarkeit bestätigt werden.

4.3.2 Abstimmung des thermoelektrischen pseudo-2D-Simulationsmodells

Zur Bestimmung des thermischen Kontaktwiderstands und der Kalibrierung der Wärmeleitung zwischen Fuß und Seitenfläche wird ein Lade- / Entladeprofil mit konstanter Stromrate von 50 A gewählt. Zu Beginn der Messung wird der Ladezustand auf $SOC = 50\,\%$ angepasst und die Zelle thermisch homogenisiert. Bei Beginn der Messung zeigt sich eine Standardabweichung der Oberflächentemperaturen von $\sigma_T = 0{,}05$ K, was auf eine gute Übereinstimmung der Sensoren bei einer Temperatur von 30 °C schließen lässt.

Bild 36 zeigt die Erwärmung der Zelle bei einer Starttemperatur $\vartheta_{Start} = 30\,°C$ auf ca. $\vartheta_{Zelle,Oben} = 44\,°C$ zum Zeitpunkt $t = 6000$ s. Die relative Temperaturdifferenz

$$\delta_T = \frac{\vartheta - \vartheta_{Start}}{\vartheta_{lim} - \vartheta_{Start}} \qquad (4\text{-}5)$$

wird über die Differenz aus zellspezifischem Grenzwert ϑ_{lim} und Startwert ϑ_{Start} gebildet. Der Grenzwert der zulässigen Zelltemperatur wird aus Geheimhaltungsgründen nicht genannt. Der abgegebene Wärmestrom der Zelle ist über einen Lade- / Entladestrom-Puls konstant; der Effekt der reversiblen Wärmen wird anhand des Temperaturverlaufs an den Seitenflächen deutlich. Beim Wechsel der Stromrichtung wird der zuvor abgegebene Wärmestrom der Zelle wieder aufgenommen, was zu einem Temperaturverlauf mit lokal steilen Gradienten und wechselndem Vorzeichen führt. Der Vergleich in **Bild 36** zeigt eine gute Übereinstimmung des Simulationsmodells mit den Versuchsergebnissen.

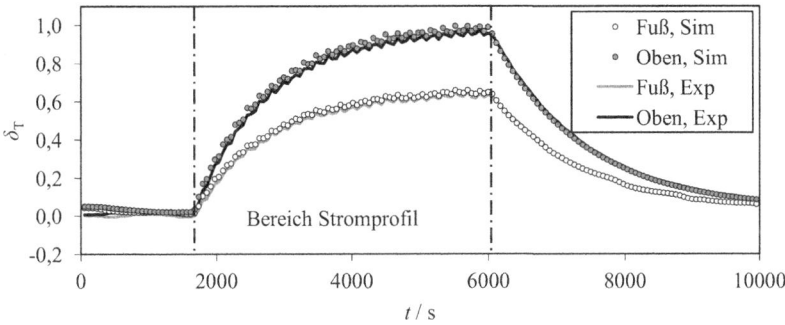

Bild 36: Vergleich der gemessenen vorderen relativen Seitenflächentemperatur an der Position „Oben" $\delta_{T,Zelle,Oben}$ mit der Temperatur an Position „Fuß" $\delta_{T,Zelle,Fuß}$ bei Kühlung über die Fußfläche und Abgleich mit den simulierten Temperaturen des pseudo-2D-Modells; Bestimmtheitsmaß oben $R^2{}_O = 0{,}998$, unten $R^2{}_U = 0{,}997$.

Die Abstimmung des Modells erfordert mehrere Optimierungsschleifen, insbesondere um das Abkühlungsverhalten der Zelle darstellen zu können. Hier hilft die Belastung der Zelle bis zu einem nahezu stationären Zustand zum Zeitpunkt $t = 6000$ s. Die an Umgebung und Kühlplatte abgegebenen Wärmeströme können anhand des abgestimmten Simulationsmodells ermittelt werden. Da der Zellaufbau für die weiteren Stromprofile nicht geändert wird, kann die Validierung der ermittelten Abstimmungsfaktoren anhand dieser Profile erfolgen.

Die Bestimmung der Temperaturspreizung erfolgt anhand der Differenzbildung zwischen den Temperaturen an der Position „Oben" und „Unten" sowie über die Differenz zwischen Position „Oben" und „Fuß" (vgl. **Bild 37**).

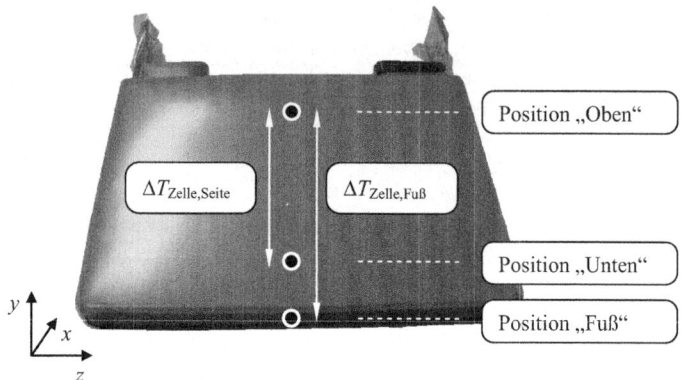

Bild 37: Gewickelte prismatische Zelle mit Darstellung der Temperaturdifferenz-Auswertung an der Oberfläche zwischen der oberen Position und der Fußfläche sowie an der Seitenfläche.

Die Temperaturdifferenz zwischen der Fußfläche und der Seitenfläche sowie die Temperaturdifferenz an der Seitenfläche werden mit Hilfe des Modells nach **Bild 38** ebenso korrekt beschrieben. Es zeigt sich eine geringe Temperaturdifferenz an der Seitenfläche

$$\Delta T_{Zelle,Seite} = \vartheta_{Zelle,Oben} - \vartheta_{Zelle,Unten} \tag{4-6}$$

von $\Delta T_{Zelle,Seite} < 1{,}2$ K. Zum Fuß hin nimmt die Temperaturdifferenz

$$\Delta T_{Zelle,Fuß} = \vartheta_{Zelle,Oben} - \vartheta_{Zelle,Fuß} \tag{4-7}$$

bis $\Delta T_{Zelle,Seite} = 5{,}3$ K zu. Dies hat jedoch auf das eigentliche Aktivmaterial der Zelle keinen Einfluss, da damit kein direkter Kontakt besteht.

Als Indiz für die Spreizung innerhalb der Zelle werden die im Simulationsmodell berechnete maximale Temperatur des Elektrodenwickels und die Temperatur der Seitenfläche verwendet. Bei der Bewertung der Temperaturspreizung anhand der NiCr-Ni Thermoelemente addiert sich die Messungenauigkeit, folglich sinkt die Aussagegüte. Die Varianzen zu Beginn und am Ende der Abkühlzeit zwischen den ausgewerteten Thermoelementen, dem unabhängig regelnden Prüfraum und der Kühlmittelkühlung sind sehr niedrig. Die Diskrepanz zwischen Experiment und Simulation wird besonders in der Temperaturdifferenz zum Zellfuß

4.3 Thermoelektrische Untersuchungen an Einzelzellen

deutlich; hier wird in der Simulation der Einfluss der reversiblen Wärmen erkennbar, während im Experiment bei Differenzbildung dieser Einfluss verschwindet. Zu erklären ist dies durch die stärker gedämpfte Temperatur am Fuß in der Simulation.

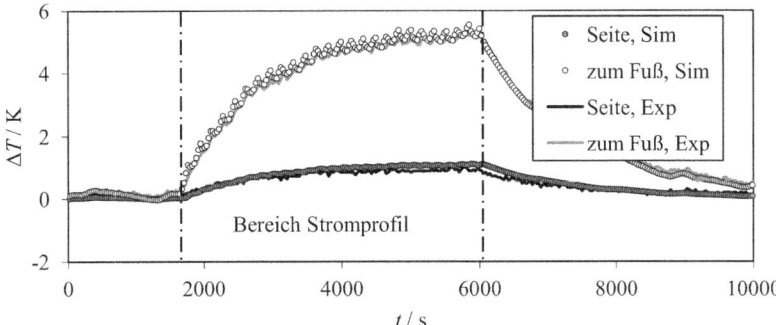

Bild 38: Vergleich der Temperaturdifferenz an der Zellseite ΔT_{Seite} und zum Zellfuß $\Delta T_{\text{zum Fuß}}$ im synthetischen Lastfall für das Experiment und die Simulation. Gute Übereinstimmung in der Simulation beider Temperaturdifferenzen, wobei die Differenz an der Seitenfläche deutlich niedriger ausfällt.

Um die maximale Temperaturspreizung auf der Zelloberfläche zu bewerten, wird der Zeitpunkt $t = 6000$ s detaillierter betrachtet. Über alle Temperatursensoren ergibt sich die in **Bild 39** dargestellte Temperaturdifferenzverteilung an der Fußfläche, den rechten und linken Seitenflächen sowie an der vorderen Seitenfläche (Rückseite in Klammern) und den Polen. Die geringe Inhomogenität der Zelle in z-Richtung bestätigt den Einsatz eines pseudo-zweidimensionalen Modells in der x/y Ebene und die messtechnische Erfassung der repräsentativen Zelltemperaturen an der linken bzw. rechten Seitenfläche der Zelle. Zwischen linker und rechter Seitenfläche stellt sich eine Temperaturabweichung von weniger als 1,2 K ein, während die Differenz an den Polen auf 2,2 K ansteigt. Dieser Temperaturunterschied ist auf die niedrigere elektrische und thermische Leitfähigkeit von Aluminium gegenüber Kupfer zurückzuführen.

Der Spannungsverlauf an der Zelle ergibt zusammen mit der Ruhespannungscharakteristik den irreversiblen Wärmestrom bei Belastung der Zelle. Unter thermischen Aspekten sowie aufgrund des Einflusses der Zellspannung auf das Leistungsverhalten der elektrischen Komponenten im Antriebsstrang ist es daher notwendig, das Klemmspannungsverhalten der Zelle möglichst genau abzubilden.

Die Temperatur stellt nur einen Teil der Ergebnisse dar. Erst die gleichzeitige Auswertung der Spannungswerte liefert ein schlüssiges Bild des thermoelektrischen Verhaltens der Zelle. **Bild 40** zeigt den gemessenen Spannungsverlauf während der ersten drei Lade- / Entlade-Pulse und im Vergleich dazu den berechneten Verlauf.

Die Spannungsdifferenz

$$x_U = U_{Exp} - U_{Sim} \qquad (4\text{-}8)$$

wird aus dem über Fühlerleitungen an den Polen gemessenen Wert und der simulierten Klemmspannung gebildet.

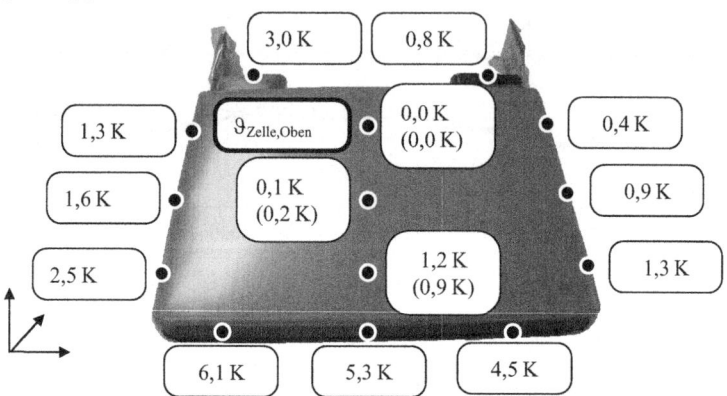

Bild 39: Gewickelte prismatische Zelle mit Darstellung der Temperaturdifferenz nach $t = 6000$ s zur Temperatur $\vartheta_{\text{Zelle,Oben}}$ im synthetischen Lastfall; Standardabweichung ohne Fuß $\sigma_{\Delta T} = 0{,}9$ K ($\overline{\Delta T} = 1{,}1$ K), mit Fuß $\sigma_{\Delta T} = 1{,}9$ K ($\overline{\Delta T} = 1{,}8$ K).

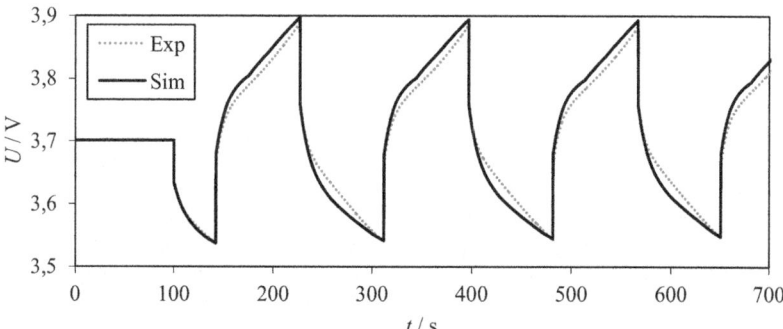

Bild 40: Simulierte und gemessene Klemmspannung U im synthetischen Lastfall; mittlere Abweichung $\bar{x}_U = 1{,}1$ mV, Standardabweichung $\sigma_U = 10{,}3$ mV. Die deutlichste Abweichung zeigt sich bei Entladung der Zelle.

4.3 Thermoelektrische Untersuchungen an Einzelzellen

Der erste Puls zeigt eine sehr gute Übereinstimmung zwischen Experiment und Simulation. Bei den nachfolgenden Pulsen wird zwar der maximale / minimale Spannungsabfall korrekt wiedergegeben, allerdings sind geringe Unterschiede in den Gradienten festzustellen. Der Spannungsabfall wird bei der gezeigten Pulslänge von der Ladezustandsänderung überlagert. Die Widerstandswerte des Ersatzspannungsmodells werden anhand von 30 s-Pulsen bei der Charakterisierung ermittelt, um den Ruhespannungseinfluss zu minimieren. Bei längeren Pulsen steigt die Ruhespannung besonders beim Laden kontinuierlich an und äußert sich in Form eines „Knicks" im simulierten Spannungsverlauf. Im Mittel weicht die simulierte Spannung über das gesamte Profil um $\bar{x}_U = 1,1$ mV bei einer Standardabweichung von $\sigma_U = 10,3$ mV ab. Unter Berücksichtigung der maximalen Messungenauigkeit von 7,4 mV lässt dies dennoch auf eine gute Deckung zwischen Simulation und Messung schließen. Bei der Berechnung der irreversiblen Wärme tritt durch die genannte Ungenauigkeit eine Abweichung von kleiner 5 % auf.

Das abgestimmte Einzelzellmodell wird nachfolgend mit Hilfe vier dynamischer Stromprofile bei unterschiedlichen thermischen Randbedingungen validiert.

4.3.3 Validierung des thermoelektrischen pseudo-2D-Simulationsmodells

Das quasi-stationär abgestimmte Modell wird auf die Anwendbarkeit bei realen Stromprofilen überprüft. Es stehen hoch-dynamische Rennstreckenprofile sowie eine Stadtfahrt zur Verfügung. Diese Profile unterscheiden sich im durchschrittenen Ladezustandsbereich sowie im sich einstellenden Temperaturbereich. **Tabelle 6** vergleicht die vier untersuchten Validierungsprofile mit dem quasi-stationären synthetischen Lastfall.

Tabelle 6: Randbedingungen und Stromprofile der untersuchten thermoelektrischen Validierungsfälle an einer Einzelzelle.

Stromprofil	Kürzel	ϑ_{Start} / °C	SOC_{Start} / %	SOC_{Ende} / %	ϑ_{KWein} / °C
synthetisches Profil	LE30	30	50 %	50 %	30
Rennstrecke A 30 °C	A30	30	40 %	40 %	20
Rennstrecke A 15 °C	A15	15	40 %	40 %	15
Rennstrecke B	B30	30	85 %	40 %	20
Stadtfahrt	S30	30	90 %	20 %	-

Mit Ausnahme des Profils „A15" werden alle Zyklen bei einer Starttemperatur von 30 °C initialisiert. Der Ladezustand wird über eine Konstantstrom-Entladung ausgehend von einer vollen Zelle auf das gewünschte Niveau angepasst. Die Starttemperatur beeinflusst den transienten Temperaturverlauf durch die bei niedrigeren Temperaturen gesteigerten Innenwiderstände. Bei der Stadtfahrt wird aufgrund vorhergehender simulativer Untersuchungen auf eine

Kühlung verzichtet, um eine möglichst adiabate Aufheizung der Zelle zu gewährleisten. Bei aktiver Kühlung wird die Vorlauftemperatur ϑ_{KWein} am Prüfstand aktiv geregelt.das synthetische Profil weist eine spezifische Stromrate von 10 C auf, die Rennstreckenuntersuchungen „A30", „A15" und „B30" zeigen ein Maximum der Stromraten bei 18 C, die Stadtfahrt bei 1 C (vgl. **Bild 41**). Am Zellprüfstand sind die maximalen Entladestromraten auf 20 C limitiert, diese Begrenzung gilt am Batterieprüfstand nicht.

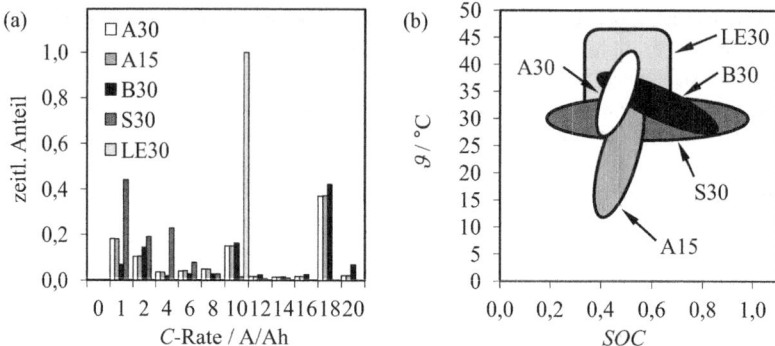

Bild 41: Vergleich der Lastfälle nach (a) Häufigkeit der spezifischen Stromraten und (b) Temperaturbereich über Ladezustandsbereich.

Die Profile „Rennstrecke A" und „Rennstrecke B" unterscheiden sich durch den stärker entladenden Charakter im Fall „Rennstrecke B", der entsprechende Betriebsmodus wird als Ladezustand „entleerend" (*engl. depleting*) bezeichnet. Der Ladezustandseinfluss auf die Abwärme und die Spannung wird stärker berücksichtigt. Der Fall „Rennstrecke A" stellt eine Aneinanderreihung mehrerer Zyklen einer Rennstreckenfahrt dar, wobei die entnommene Ladungsmenge beim Entladen der zurückgewonnenen Ladungsmenge beim Verzögern entspricht. Dies wird als Ladezustand „erhaltender" (*engl. sustaining*) Modus bezeichnet. Die erhöhten Abwärmen bei niedrigeren Temperaturen werden im Betriebszustand „A15" durch die reduzierte Starttemperatur auf $\vartheta_{\text{Start}} = 15\ °C$ berücksichtigt. Das Profil „Stadtfahrt" wird ohne aktive Kühlung durchlaufen, der Ladezustand sinkt dabei kontinuierlich. Somit kann die Temperaturänderung nur der Summe aus reversiblen und irreversiblen Wärmeströmen zugeordnet werden.

Bild 42 zeigt am Beispiel des Profils „A30" bei 30 °C Starttemperatur den Vergleich der relativen Fußtemperatur und der relativen oberen Seitenflächentemperatur der Zelle. Die Zelle wird zu Beginn des Stromprofils mit dem Kühlmittel aktiv gekühlt. Die Abweichung an der Seitenfläche beträgt kleiner 0,5 K, der Fuß der Zelle zeigt eine noch bessere Deckung mit den experimentell ermittelten Daten. Gegenüber den gemessenen Daten ist eine beschleunigte Abkühlung in der Simulation festzustellen. Während der Aufheizung werden die Temperaturgradienten dagegen nahezu deckungsgleich wiedergegeben. Die um ca. 10% korrigierten Abstimmungsfaktoren des thermischen Kontaktwiderstands und des Wärmeübergangs an die Prüfstandsumgebung lassen daher auf eine gute Übertragbarkeit auf das dynamische Rennstreckenprofil schließen.

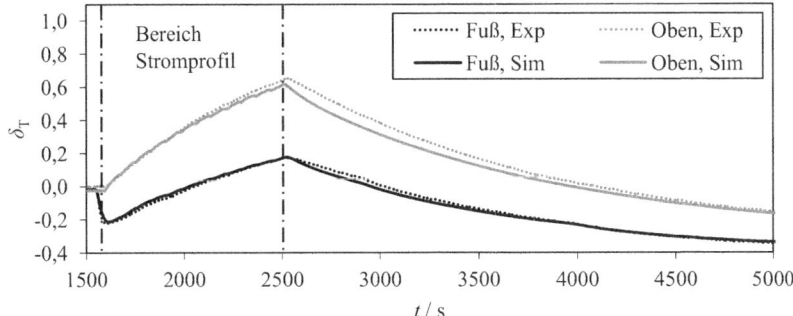

Bild 42: Vergleich der Temperatur der Hülle an Position „Oben" und der Fußtemperatur in Experiment und Simulation im Anwendungsfall „Rennstrecke A 30 °C" mit Abkühlkurve. Bestimmtheitsmaß für die Simulation an Position „Oben": $R^2_O = 0{,}995$, „Unten": $R^2_U = 0{,}990$.

Bild 43 stellt die Temperaturspreizung im Anwendungsfall Rennstrecke „A30" dar. Die Abweichungen zwischen Simulation und Experiment liegen ebenso klar innerhalb des Toleranzbereichs der Temperatursensorik. Auffällig ist die niedrige Temperaturspreizung kleiner als 1,5 K an der Seite der Zelle. Nach Einsetzen der Kühlung zum Zeitpunkt $t = 1550$ s steigt die Temperaturspreizung aufgrund der Vorlauftemperatur des Kühlmittels von 20 °C schnell an, im weiteren Verlauf wächst diese auf bis zu 6,5 K an. Der maximale relative Fehler der Temperaturspreizung zum Fuß zwischen Experiment und Simulation beträgt 10 %, jedoch tritt dieser nach Ende des Stromprofils während der Abkühlphase auf.

Die korrekte Wiedergabe der Temperaturdifferenz zwischen Fuß und Seitenfläche bestätigt die Annahme der Vernachlässigung der Wärmeleitung vom Fuß direkt an das Elektrodenmaterial. Es ist jedoch anzumerken, dass zur Bewertung der Temperaturspreizung auf der Zelle im Hinblick auf detailliertere Untersuchungen in Kombination mit Alterungseffekten eine genauere Temperaturdifferenzmessung erfolgen muss. Mögliche Messmittel stellen hierbei PT100 Widerstandsthermosensoren mit Abweichungen kleiner 0,25 K dar.

Die simulierte Klemmspannung zeigt nach **Bild 44** eine mittlere Abweichung $\bar{x}_U = 0{,}1$ mV zum Experiment. Die Standardabweichung $\sigma_U = 5{,}6$ mV deutet auf eine geringe Varianz der Abweichungen hin, die größten Abweichungen ergeben sich im Ladebetrieb. Findet keine Belastung statt, wird das Ruhespannungsniveau korrekt wiedergegeben und der Endzustand bei höherer Temperatur zeigt eine besonders gute Abbildung der Ruhespannung.

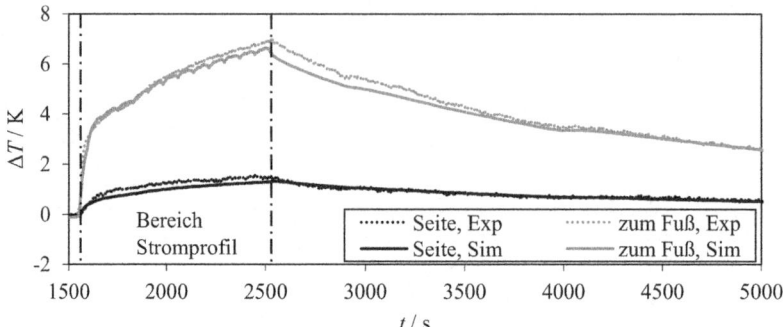

Bild 43: Vergleich der Temperaturdifferenzen an der Zellseite und zum Zellfuß (vgl. **Bild 37**) im Anwendungsfall „Rennstrecke A 30 °C"; gute Übereinstimmung in der Simulation beider Temperaturdifferenzen.

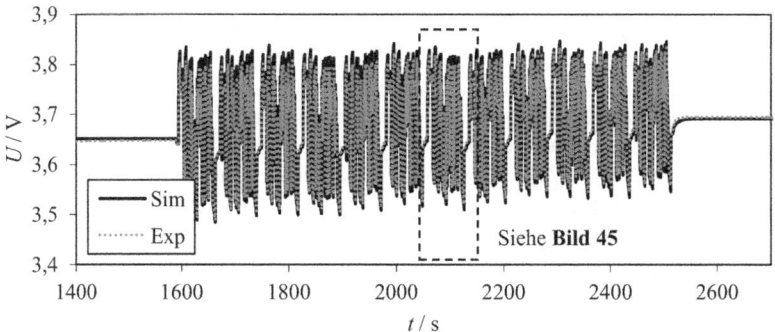

Bild 44: Simulierte (Index „Sim") und gemessene (Index „Exp") Klemmspannung U im Anwendungsfall „Rennstrecke A"; mittlere Abweichung $|\bar{x}|_U$ = 3,9 mV, Standardabweichung σ_U = 5,6 mV.

Das verwendete Stromprofil, das bei konstanter Temperatur ermittelt wurde, basiert auf einer Aneinanderreihung mehrerer Zyklen. Durch die Temperaturerhöhung der Zelle sinken die Verluste und die entnehmbare Energiemenge steigt an. Da keine Rückkopplung mit dem Stromprofil stattfindet, steigt der Ladezustand leicht an. Die gute dynamische Übereinstimmung zeigt sich in der detaillierten Darstellung von **Bild 45**.

Auch bei sehr hohen Stromgradienten werden die Spannungsverläufe mit hoher Genauigkeit wiedergegeben, die Spannung reagiert auf einen Strompuls ohne Verzögerung. Diese Ergebnisse bestätigen die Gültigkeit des gewählten Klemmspannungsmodells für die Verwendung bei dynamischen Lastprofilen für diese Zelle.

4.3 Thermoelektrische Untersuchungen an Einzelzellen

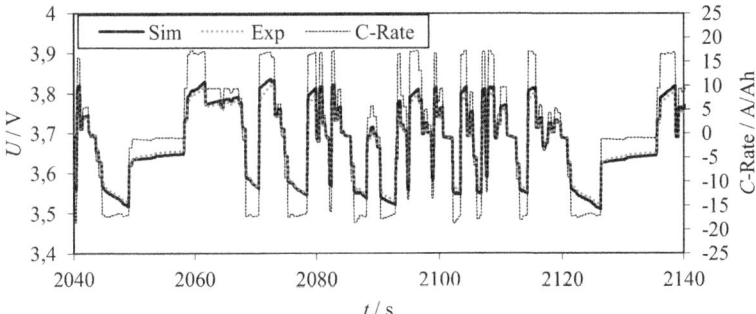

Bild 45: Simulierte (Index „Sim") und gemessene (Index „Exp") Klemmspannung U eines Zyklus für $2040 \leq t \leq 2140$ im Anwendungsfall „A30" mit Darstellung der spezifischen Stromrate (C-Rate).

Neben hohen Belastungen ist die Anwendbarkeit bei mäßigen elektrischen Leistungen und niedrigen Abwärmen zu überprüfen. Die „Stadtfahrt" zeigt eine geringe Temperatursteigerung von kleiner als 1,5 K an der Oberfläche. **Bild 46** verdeutlicht den Temperaturverlauf in Messung und Simulation an der Seitenfläche sowie am Zellfuß ohne aktive Kühlung. Es zeigen sich Abweichungen im Verlauf, jedoch wird der maximale Temperaturwert zum Ende des Stromprofils gut abgebildet.

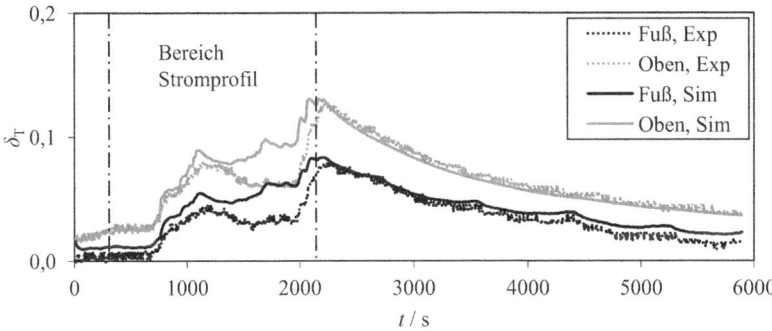

Bild 46: Vergleich der Temperatur der Hülle an Position „Oben" und der Fußtemperatur in Experiment und Simulation im Anwendungsfall „Stadtfahrt" mit Abkühlkurve; Bestimmtheitsmaß oben $R^2_O = 0,862$, unten $R^2_U = 0,854$.

Im Experiment sinkt die Temperatur während der Belastung im Zeitbereich 1300 s $< t <$ 2000 s deutlich ab. Da Wärmeströme an die Umgebung vernachlässigt werden, kann nur der irreversible Wärmeanteil der Zelle für diesen Effekt verantwortlich sein. Der Ladezustand sinkt kontinuierlich ab, wodurch der ladezustandsabhängige Ruhespannungsgradient eintritt. Im Modell kann dieser Effekt nicht gänzlich nachvollzogen werden. Durch die

Rückgewinnung des reversiblen Wärmestroms bei weiter sinkendem Ladezustand stellt sich jedoch ein nahezu identisches maximales Temperaturniveau zum Zeitpunkt $t = 2100$ s ein.

Aufgrund der niedrigen Temperaturerhöhung der Zelle und ohne aktive Kühlung stellt sich eine sehr niedrige Temperaturdifferenz an der Oberfläche der Zelle ein, die mit der verwendeten Sensorik nicht zuverlässig gemessen werden kann.

Das Spannungsverhalten in der Stadtfahrt wird über den gesamten Ladezustandsbereich nahezu deckungsgleich abgebildet (vgl. **Bild 47**).

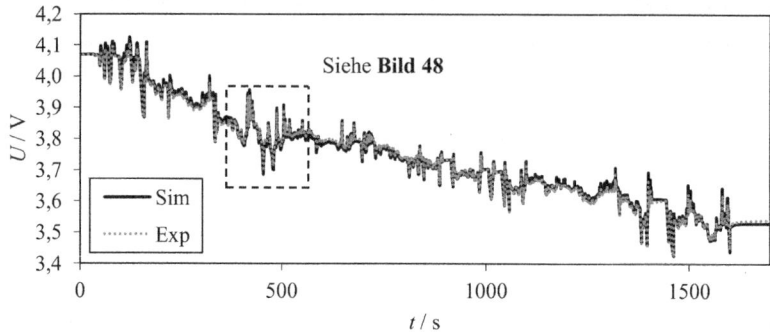

Bild 47: Simulierte (Index „Sim") und gemessene (Index „Exp") Klemmspannung U im Anwendungsfall „Stadtfahrt"; mittlere Abweichung $|\bar{x}|_U = 9{,}4$ mV, Standardabweichung $\sigma_U = 7{,}7$ mV.

Die mittlere Abweichung der Spannung beträgt $\bar{x}_U = 6{,}7$ mV bei einer Standardabweichung von $\sigma_U = 7{,}7$ mV. Besonders zu beachten ist die Änderung des Spannungsniveaus in Folge der Entladung der Zelle, bei der die Zellspannung von $U = 4{,}07$ V auf 3,53 V absinkt. Der Endwert der Spannung wird über die Ruhespannungscharakteristik gut wiedergegeben. Das Klemmspannungsmodell liefert auch bei niedrigen Stromraten eine gute Übereinstimmung des simulierten Spannungsverlaufs mit dem Experiment.

Nach **Bild 48** wird im ausgewählten Zeitbereich eine gute Übereinstimmung im Detail sichtbar. Die Stromrate zeigt eine hohe Dynamik, wobei die Stromgradienten deutlich geringer ausfallen als im Rennstreckenbetrieb. Es ist ersichtlich, dass das gewählte Klemmspannungsmodell für einen breiten Einsatzbereich verwendet werden kann.

Werden die weiteren untersuchten Profile hinsichtlich ihrer Spannungsdifferenzen in Simulation und Versuch verglichen, stellen sich die Werte nach **Tabelle 7** ein.

4.3 Thermoelektrische Untersuchungen an Einzelzellen

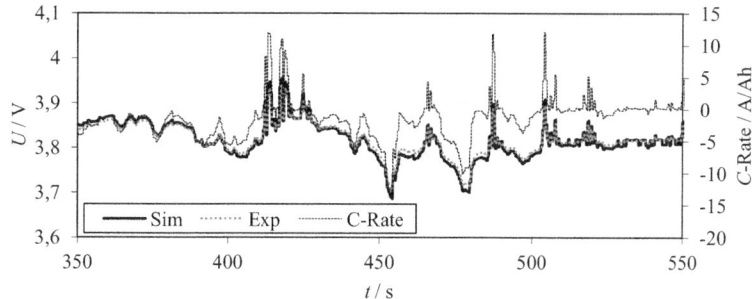

Bild 48: Simulierte (Index „Sim") und gemessene (Index „Exp") Klemmspannung U im Anwendungsfall „Stadtfahrt"; mittlere Abweichung $|\bar{x}|_U = 9{,}4$ mV, Standardabweichung $\sigma_U = 7{,}7$ mV. Zusätzliche Darstellung der spezifischen Stromrate für den Zeitbereich $350 \leq t \leq 550$.

Tabelle 7: Statistische Auswertung der Abweichungen der Klemmspannung U zwischen Experiment und Simulation in den betrachteten Fahrprofilen (positive Werte entsprechen höherem Wert in der Messung).

Profil	$|\bar{x}|_U$ / mV	σ_U / mV	$|x|_{U,max}$ / mV	$|x|_{U,max}/\bar{U}$ / %
synthetisches Lade- / Entladeprofil	8,0	10,3	24,9	0,7
Rennstrecke A 30 °C	3,9	5,6	95,2	2,6
Rennstrecke A 15 °C	3,0	6,0	140,3	3,8
Rennstrecke B	2,8	4,7	36,7	1,0
Stadtfahrt	9,4	7,7	18,6	0,5

Ein Auszug aus den in der Literatur genannten Abweichungen unterstreicht die gute Übereinstimmung des gezeigten Modells:

- Huria et al. [61] zeigen Abweichungen kleiner 2 % bei der Simulation der Klemmspannung einer Einzelzelle im Lastfall des NEFZ.
- Dong et al. [24] weisen Abweichungen kleiner 2 % über ein synthetisches Stromprofil mit 4:30 h Länge aus.
- He et al. [53] vergleichen unterschiedliche Klemmspannungsmodelle, bei einem „RCR" Modell ergeben sich maximale relative Abweichungen von kleiner 0,55 %.

desweiteren zeigt sich eine gute Übereinstimmung des gewählten thermischen Modells auf Basis der vorhandenen Stoffdaten und getroffenen Parameter für die thermische Kontaktierung. Die betrachtete Temperaturabweichung

$$x_T = \vartheta_{Zelle,Oben,Exp} - \vartheta_{Zelle,Oben,Sim} \tag{4-9}$$

zwischen Messung und Simulation an der Oberseite der Zelle ist repräsentativ für die restlichen Temperaturabweichungen. **Tabelle 8** zeigt die mittlere Abweichung $\bar{x}_T$, die Standardabweichung σ_T, den maximalen Betrag der Abweichungen $|x|_{T,max}$ sowie den relativen maximalen Fehler $|x|_{T,max}/\bar{x}_T$ der simulierten oberen Seitenflächentemperatur gegenüber dem Messwert.

Tabelle 8: Statistische Auswertung der Abweichungen der oberen Seitenflächentemperatur zwischen Experiment und Simulation in den betrachteten Fahrprofilen (positive Werte entsprechen höherem Wert in der Messung).

Profil	$\bar{x}_T$ / K	σ_T / K	$|x|_{T,max}$ / K	$|x|_{T,max}$ / $\bar{\vartheta}$ / %
synthetisches Lade- / Entladeprofil	-0,2	0,3	0,8	2,1
Rennstrecke A 30 °C	0,4	0,3	1,2	3,9
Rennstrecke A 15 °C	0,4	0,5	1,6	8,2
Rennstrecke B	0,2	0,3	0,8	2,7
Stadtfahrt	0,0	0,2	0,7	2,2

Besonders die mittlere Abweichung der Temperatur zeigt eine gute Übereinstimmung mit den Messergebnissen. Abweichungen der Temperatur haben zum einen ihren Ursprung in Abweichungen bei der Abwärmeberechnung im Klemmspannungsmodell und zum anderen im thermischen Modell an sich. Die mittleren Abweichungen des Spannungsmodells können direkt in Abwärmeunterschiede umgerechnet werden, da das Stromprofil in Simulation und Experiment identisch ist. Im elektrischen Modell folgen Unsicherheiten von 10 % im berechneten Abwärmestrom aus dem Vergleich der Spannungsdifferenz zwischen Ruhespannung und Klemmspannung der Zelle in Simulation und Experiment. Diese Abweichungen resultieren wiederum in Differenzen der simulierten und gemessenen Temperaturverläufe.

Die Bewertung der Temperaturdifferenzen auf der Oberfläche der Zelle ist erschwert durch die geringen Differenzen, die in der Messung auftreten. Aus diesem Grund wird nachfolgend auf die Auswertung der Temperaturdifferenz zum Zellfuß näher eingegangen. Die Temperaturdifferenz ist maßgeblich durch die Kühlmitteltemperatur und die Erwärmung der Zelle bedingt, wobei die Kühlmitteltemperatur am Fuß aus der Messung vorgegeben wird. Nach **Tabelle 9** werden die mittlere Abweichung $\bar{x}_{\Delta T}$, die Standardabweichung $\sigma_{\Delta T}$, der maximale Betrag der Abweichungen $|x|_{\Delta T,max}$ sowie der relative maximale Fehler $|x|_{\Delta T,max}/\Delta T$ verglichen. Aufgrund der niedrigen Temperaturdifferenzen und der Messungenauigkeit der Temperatursensorik zeigen sich hohe relative Abweichungen der Temperaturdifferenz zwischen Zellfuß und Seitenfläche, dies wird besonders im Fall „A15" deutlich. Zur belastbareren Bewertung der Temperaturdifferenz an der Oberfläche der Zelle muss daher in weiteren Untersuchungen auf Messmittel mit noch höherer Genauigkeit zurückgegriffen werden.

Tabelle 9: Statistische Auswertung der Abweichungen der Temperaturdifferenz zum Fuß der Zelle zwischen Experiment und Simulation in den betrachteten Fahrprofilen (positive Werte entsprechen höherem Wert in der Messung).

Profil	$\bar{x}_{\Delta T}$ / K	$\sigma_{\Delta T}$ / K	$\|x\|_{\Delta T, max}$ / K	$\|x\|_{\Delta T, max}/\Delta T$ / %
synthetisches Lade- / Entladeprofil	0,1	0,1	0,5	19
Rennstrecke A 30 °C	-0,1	0,2	0,7	23
Rennstrecke A 15 °C	-0,2	0,2	0,8	36
Rennstrecke B	0,0	0,1	0,5	19
Stadtfahrt	0,2	0,1	-	-

Die Kombination des pseudo-zweidimensionalen thermischen Modells mit dem elektrischen Modell erlaubt die Bewertung des Temperaturniveaus über einen validierten Temperaturbereich 15 °C < ϑ_{Zelle} < 45 °C und einen Ladezustandsbereich 20 % < SOC < 90 %. Die Abweichungen zeigen keinen Einfluss der Stromrate auf die Anwendbarkeit des Klemmspannungsmodells. Bei hohen Stromgradienten und Beträgen werden die Spannungslage und die Überspannungen vom Modell korrekt wiedergegeben. Die indirekten Effekte des durch höhere Ströme und somit höhere Temperaturen gesunkenen Innenwiderstands werden über das thermische Modell wechselwirkend erfasst. Unsicherheiten ergeben sich bei der Bewertung von Temperaturgradienten auf der Zelloberfläche. Da diese Werte jedoch deutlich unterhalb der in der Literatur als kritisch erachteten Werte (vgl. Fleckenstein et al. [42]) liegen, werden die Abweichungen im Rahmen dieser Arbeit akzeptiert. In weiterführenden Untersuchungen müssen sie berücksichtigt werden.

4.4 Thermoelektrische Untersuchungen an einem Batteriemodul

Die zuvor beschriebenen Untersuchungen an einer Einzelzelle dienen der Abstimmung des thermoelektrischen Verhaltens auf Zellebene. Zur Überprüfung der Übertragbarkeit des Einzelzellverhaltens auf eine größere Zahl von Zellen werden Untersuchungen an einem Batteriemodul durchgeführt. Im Fahrzeugverbund ist besonders das Modulverhalten relevant, da die Spannung der Batterie die Leistung des elektrischen Antriebsstrangs maßgeblich beeinflusst. Thermisch ist in diesem Zusammenhang auch von Interesse, ob die integrierte Temperatursensorik im Modul einen ausreichenden Einblick in das thermische Systemverhalten liefert. Im Folgenden werden das abgestimmte elektrische und thermische Modell der Einzelzelle in das Batteriemodul überführt und die thermische Wechselwirkung zwischen den Zellen und dem Kühlsystem abgebildet. Zur Validierung des Wärmeübertragungsmodells der Batterie werden zusätzlich zu elektrischen Lastprofilen Abkühlkurven bei konstanten Randbedingungen aufgenommen und untersucht, um den Einfluss der Kühlmitteldurchströmung zu identifizieren.

4.4.1 Versuchsaufbau und Messprogramm

Das untersuchte Batteriemodul besteht aus insgesamt 102 Zellen, der Verbund weist drei parallel verschaltete Zellen auf sowie 34 in Reihe geschaltete Zellverbunde. Im Fahrzeug ist die Batterie aus drei Batteriemodulen (siehe **Bild 49**) aufgebaut.

Für die Untersuchungen mit dem Batteriemodul wird dieses mit Thermoelementen des Typs NiCr-Ni (Toleranzklasse 1; Messungenauigkeit +/- 1,5 K) an thermisch relevanten Positionen versehen. Zudem wird das Modul gegenüber dem umgebenden Prüfraum isoliert. Innerhalb des Moduls sind sechs NTC Sensoren (Auflösung 0,5 K) zur Bestimmung der maximalen, minimalen und mittleren Temperaturen serienmäßig angebracht. Diese werden hinsichtlich ihrer Aussagegüte durch die zusätzlichen Thermoelemente überprüft. Ferner erlauben die externen Thermoelemente die Bewertung der Temperaturspreizung von Zelle zu Zelle sowie die Wärmeabfuhr an die externe Struktur.

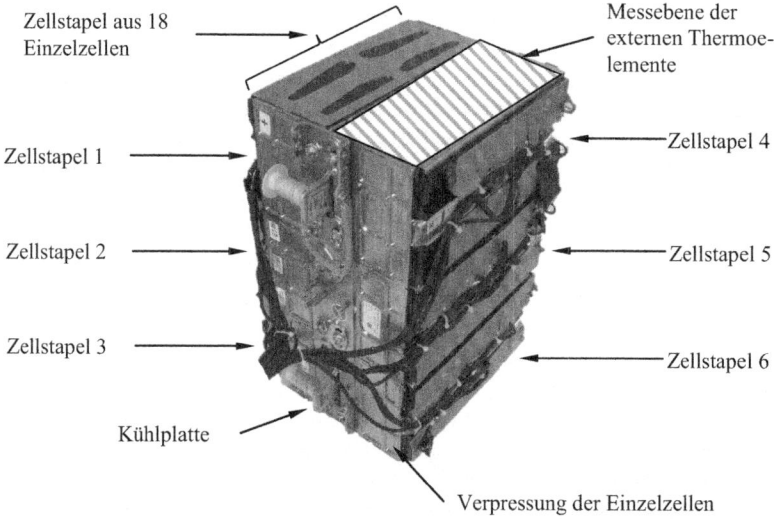

Bild 49: Untersuchtes Batteriemodul bestehend aus 102 Einzelzellen und zentral angebundener Kühlplatte mit Darstellung der einzelnen Zellstapel.

Zur Bilanzierung des Wärmestroms in die Kühlplatte wird die Ein- und Austrittstemperatur über Widerstandstemperatursensoren (Typ PT100; Messungenauigkeit +/- 0,25 K) erfasst. Zusätzlich wird der Volumenstrom durch eine Messturbine (Messbereich $\dot{V} = 1$ l/min bis

4.4 Thermoelektrische Untersuchungen an einem Batteriemodul

$\dot{V}$ = 20 l/min) aufgezeichnet. Als Medium kommt ein Wasser / Glysantin® 50:50 Gemisch zum Einsatz, um dem Aufbau im Fahrzeug zu entsprechen. Der Kontaktwärmewiderstand zwischen der Fußfläche und der Kühlplattenoberfläche ist aus Herstellerangaben des Batteriesystems bekannt. Für diese Konstruktion wird ein Kontaktwärmewiderstand pro Zelle $R_{th,Zelle}$ = 0,66 K/W verwendet.

Aus Sicherheitsgründen und zur späteren Plausibilisierung der Messergebnisse werden die Einzelzellspannungen jedes Parallelverbunds kontinuierlich erfasst. Die hohe spezifische Last pro Zelle in den folgenden Tests erfordert die strikte Einhaltung der Ladeschlussspannung und der Entladeschlussspannung zu jeder Zeit. Hierzu werden separate Spannungsabgriffe an den Stromableitern positioniert, um die Spannung jedes parallel verschalteten Zellverbunds zu überwachen.

Für die Untersuchungen wird analog zu den Einzelzellbetrachtungen eine Kombination aus rein thermischen und thermoelektrischen Messungen durchgeführt. Die thermischen Versuche dienen der Überprüfung des Wärmeübertragungsmodells. Bei den thermoelektrischen Versuchen kommen ein synthetisches Lade-/Entladeprofil sowie drei hochdynamische Profile zum Einsatz. Die Randbedingungen werden entsprechend **Tabelle 10** eingestellt.

Tabelle 10: Randbedingungen und Stromprofile der untersuchten thermoelektrischen Validierungsfälle an einem Batteriemodul.

Profil	ϑ_{Start} /°C	SOC_{Start}	SOC_{Ende}	$\dot{V}_{KW}$ / l/h	ϑ_{KWein} / °C
Abkühlkurve 1	50	-	-	100	20
Abkühlkurve 2	50	-	-	200	20
Abkühlkurve 3	50	-	-	400	20
synthetisches Lade- / Entladeprofil	22	50 %	50 %	400	30
Rennstrecke A	30	40 %	40 %	400	20
Rennstrecke B	30	80 %	20 %	400	20
Stadtfahrt	30	90 %	10 %	-	-

Die Kühlmitteltemperatur am Eintritt der Batterie ϑ_{KWein} wird unter Beibehaltung des Kühlmittelvolumenstroms am Prüfstand kontinuierlich geregelt. Der Ladezustand zu Beginn der Tests SOC_{Start} wird über eine 100 % Ladung mit anschließender Anpassung über eine integrale Überwachung der entnommenen Ladungsmenge sichergestellt.

Zu Beginn der Messungen erfolgt eine möglichst homogene Konditionierung des Moduls durch die Kühlplatte. Nach Aktivierung der gewünschten Kühlungsbedingungen erfolgt die elektrische Belastung des Moduls. Am Batterieprüfstand sind die maximalen Stromraten anders als beim Einzelzellprüfstand nicht auf 20 C limitiert. Die Stromprofile der Rennstrecken können daher direkt auf das Batteriemodul übertragen werden. So können thermische Effekte aufgezeigt werden, die im Fahrzeug aufgrund der Zugänglichkeit sowie aus Kostengründen nicht möglich sind.

Zur Bewertung der Simulationsgüte werden die für die thermische Regelung relevanten Größen der Batterie zwischen Simulation und Messung abgeglichen. Als Referenz-Batterietemperatur des Batteriemanagementsystems (BMS) wird das arithmetische Mittel

$$\vartheta_{BMS} = \frac{1}{n} \sum_{i=1}^{n} \vartheta_{BMS,i} \qquad (4\text{-}10)$$

aller modulinternen Sensoren $\vartheta_{BMS,i}$ gebildet. Der globale Maximalwert $\vartheta_{BMS,max}$ der internen Sensoren bildet mit dem globalen Minimalwert $\vartheta_{BMS,min}$ die Spreizung

$$\Delta T_{BMS} = \vartheta_{BMS,max} - \vartheta_{BMS,min} \qquad (4\text{-}11)$$

im Modul, diese müssen somit ebenfalls auf die Simulationsgüte hin überprüft werden. Die Temperaturdifferenz aus aktuellem Temperaturwert ϑ und dem Startwert ϑ_{Start} bezogen auf die Differenz eines Grenzwerts ϑ_{lim} abzüglich des Startwerts ϑ_{Start} liefert das dimensionslose Temperaturverhältnis

$$\delta_T = \frac{\vartheta - \vartheta_{Start}}{\vartheta_{lim} - \vartheta_{Start}}. \qquad (4\text{-}12)$$

Dieses ermöglicht den direkten Vergleich einzelner Profile. Zur Übertragbarkeit wird als Startwert bei den Abkühlkurven $\vartheta_{Start} = 30\ °C$ eingesetzt. Die Grenztemperatur ϑ_{lim} für den Betrieb des Moduls wird aus Geheimhaltungsgründen nicht genannt.

Kühlmittelseitig werden die Temperaturdifferenz zwischen Eintritt und Austritt und der bilanzierte Wärmestrom der Batterie in das Kühlmittel überprüft. Neben den internen Temperatursensoren werden die extern angeordneten Thermoelemente zur Verifizierung der maximalen Temperaturen ausgewertet. Die Spannung des Moduls steht im späteren Simulationsverbund in direkter Wechselwirkung mit dem Antriebsstrang, da die Elektromotoren und die Leistungselektronik diese Spannung als Eingangsgröße aufweisen. Es gilt daher besonders hier, die Güte des Modells zu bewerten. Zur Bestimmung der Spannung am Modul werden die Spannung des Batterieprüfstands sowie die akkumulierten Einzelzellspannungen betrachtet. Die Differenz dieser Spannungen erlaubt die Auswertung von sekundären Einflussfaktoren wie Verlusten in Kabeln und Zellverbindern.

4.4.2 Thermisches Verhalten des Batteriemoduls bei Abkühlung

Zur Überprüfung des Übertragungsverhaltens der Kühlplatte wird der Kühlmittelvolumenstrom im Bereich der erzielbaren Durchsätze im Fahrzeug variiert. **Bild 50** zeigt den Verlauf der relativen Temperaturdifferenz nach Gl. 4-12 angewandt auf die mittlere Batterietemperatur ϑ_{BMS}. In Versuch und Experiment werden Volumenströme von $\dot{V} = 100\ l/h$, $200\ l/h$ und $400\ l/h$ untersucht. Bei einem Volumenstrom $\dot{V} = 100\ l/h$ zeigt sich eine nur geringfügig längere Abkühlzeit als bei einem Durchsatz von $\dot{V} = 400\ l/h$. Dies lässt auf einen geringen

4.4 Thermoelektrische Untersuchungen an einem Batteriemodul

Einfluss der Konvektion innerhalb der Kühlplatte auf den gesamten Wärmeübergang des Moduls schließen.

Der Verlauf der relativen Temperaturdifferenz zeigt bei $\dot{V} = 200$ l/h und $\dot{V} = 400$ l/h eine gute Übereinstimmung zwischen Simulation und Messung. Bei $\dot{V} = 100$ l/h zeigt sich in der Simulation eine unterprognostizierte Abkühlung des Moduls, da die verwendete *Nusselt*-Korrelation in diesem Strömungszustand zu niedrige Wärmeübergangszahlen berechnet. Kontakte zwischen den Zellstapeln sorgen für einen Temperaturausgleich im Modul, welche im Simulationsmodell durch den pseudo-2D-Ansatz nicht abgebildet werden können.

Die maximale und minimale Temperatur der innerhalb des Batteriemoduls vorhandenen Sensoren in Simulation und Experiment werden in **Bild 51** anhand der angewandten relativen Temperaturdifferenz δ_T bei einem Volumenstrom $\dot{V} = 400$ l/h gegenübergestellt. Das Modell prognostiziert die Temperaturspreizung im Modul korrekt. Der Verlauf der minimalen Temperatur $\vartheta_{BMS,min}$ wird in diesem Abkühlvorgang deckungsgleich simuliert. Die Spreizung der BMS-Temperatur ΔT_{BMS} bleibt bei einer Temperaturdifferenz von 30 K zwischen Modul und Kühlmittel stets unter 5 K; sinkt jedoch der Volumenstrom, steigt aufgrund des nahezu nicht betroffenen Wärmeübergangs die Spreizung an.

Das Wärmeübertragungsverhalten im unbelasteten Zustand zeigt für Volumenströme $\dot{V} > 100$ l/h eine gute Übereinstimmung mit dem Simulationsmodell. Bei den folgenden Fahrprofiluntersuchungen am Prüfstand wird der im Fahrzeug maximal mögliche Volumenstrom $\dot{V} > 300$ l/h für die Kühlplatte eingestellt, um die Übertragbarkeit bei maximaler Kühlung zu gewährleisten.

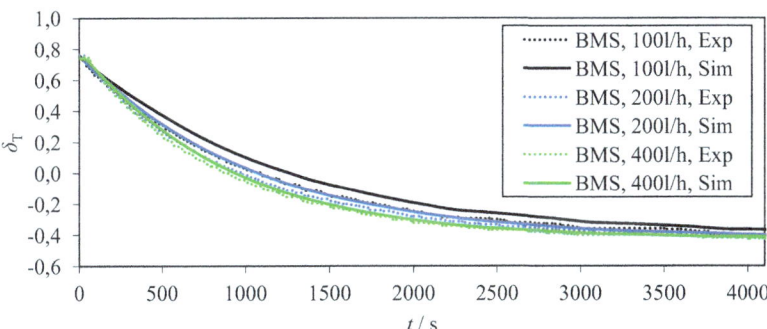

Bild 50: Gemessene und simulierte relative Temperaturdifferenz δ_T angewandt auf die mittlere Modultemperatur ϑ_{BMS} bei Kühlmittel-Volumenströmen $\dot{V} = 100$ l/h; 200 l/h und 400 l/h mit geringem Einfluss auf den gesamten Wärmeübergang des Batteriemoduls in das Kühlmittel.

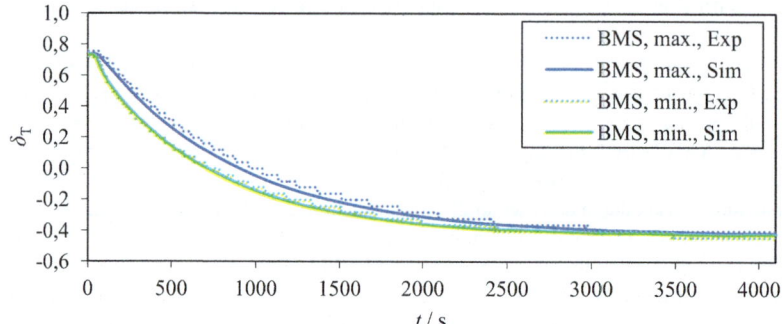

Bild 51: Gemessene und simulierte relative Temperaturdifferenz δ_T angewandt auf die max. und min. BMS-Temperatur bei $\dot{V}$ = 400 l/h innerem Durchsatz. Bei ϑ_{KWein} = 20 °C und ϑ_{Start} = 50 °C bleibt die Temperaturspreizung ΔT_{BMS} < 5 K.

4.4.3 Thermoelektrisches Verhalten bei elektrischer Last

Das zuvor unter rein thermischen Gesichtspunkten betrachtete Batteriemodul wird an einem Batterieprüfstand mit den gezeigten Stromprofilen belastet. Dabei wird analog zu den Einzelzelluntersuchungen ein Lade- / Entladeprofil zur Analyse des quasi-stationären Wärmeübergangsverhaltens eingesetzt.

Bild 52 zeigt die gemessenen und simulierten Temperaturen der internen Modulsensoren. Die simulierte BMS-Temperatur zeigt eine Abweichung zum Experiment

$$x_T = \vartheta_{BMS,\,Exp} - \vartheta_{BMS,\,Sim} \tag{4-13}$$

im Mittel von $\bar{x}_T$ = 0,18 K bei einer Standardabweichung von σ_T = 0,37 K.

Der an der Zelloberfläche gemessene maximale Temperaturwert ϑ_{max} weicht im quasi-stationären Betrieb um 1 K von der internen maximalen Temperatur $\vartheta_{BMS,max}$ ab. Das dynamische Verhalten der maximalen Temperatur deutet auf größere Differenzen bei den folgenden Untersuchungen in dynamischen, nicht stationären Stromprofilen hin. Innerhalb des Moduls stellt sich in der Messung eine Temperaturdifferenz von 5 K ein.

Der bilanzierte Wärmestrom im Kühlmittel lautet für c_p = konst. und ρ = konst.

$$\dot{Q}_{KW,Bat} = \dot{V} \rho_m c_{p,m} \left[\vartheta_{KW,Bat,aus} - \vartheta_{KW,Bat,ein} \right] \tag{4-14}$$

und wird über die gemessene Temperaturdifferenz der PT100 Elemente sowie den gemessenen Volumenstrom berechnet.

4.4 Thermoelektrische Untersuchungen an einem Batteriemodul

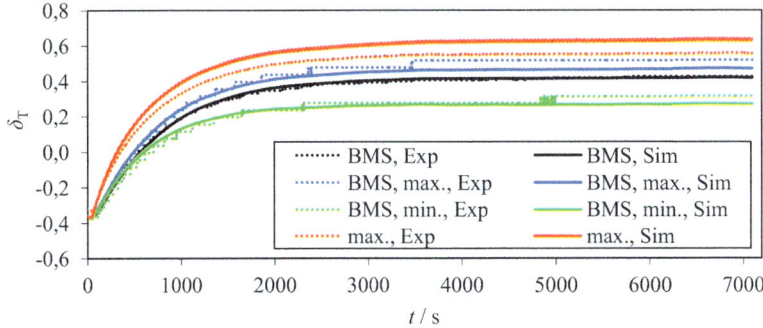

Bild 52: Gemessene und simulierte relative Temperaturdifferenz δ_T angewandt auf die mittlere Modultemperatur im synthetischen Lade- / Entladeprofil. Mittlere Abweichung $\bar{x}_T = 0{,}18$ K; $\sigma_T = 0{,}37$ K der BMS Referenztemperatur.

Nach **Bild 53** zeigen das dynamische Verhalten sowie das Niveau des relativen Wärmestroms in Simulation und Experiment

$$\chi_{Q,KW,Bat,Sim} = \frac{\dot{Q}_{KW,Bat,Sim}}{\dot{Q}_{KW,Bat,Ref}} \quad (4\text{-}15)$$

$$\chi_{Q,KW,Bat,Exp} = \frac{\dot{Q}_{KW,Bat,Exp}}{\dot{Q}_{KW,Bat,Ref}} \quad (4\text{-}16)$$

bezogen auf einen Referenzwert $\dot{Q}_{KW,Bat,Ref}$ eine sehr gute Übereinstimmung.

Der Spannungsverlauf im synthetischen Lastfall verdeutlicht die Pulsation um einen mittleren Spannungswert. Die Amplitude der Überspannung zeigt sich in einer irreversiblen Wärme infolge der Verluste in der Batterie. Im quasi-stationären Zustand sind der bilanzierte Wärmestrom im Kühlmittel sowie der irreversible Wärmestrom des Batteriemoduls

$$\dot{Q}_{KW,Bat} + \underbrace{\dot{Q}_{Umg}}_{=0} = \dot{Q}_{Bat,irrev} \quad (4\text{-}17)$$

identisch, wenn keine Wärme an die Umgebung oder über die elektrische Anbindung am Prüfstand abgeführt wird. Das Batteriemodul ist gegenüber der Umgebung isoliert, die Temperaturmessung im Inneren der Isolation bestätigt die Annahme des adiabaten Verhaltens gegenüber der Umgebung. Die Kabeltemperaturen werden während der Messung überwacht und deuten auf keine relevanten Wärmeströme verglichen mit der Kühlung hin. Für das Batteriemodul berechnet sich daher die Verlustleistung aus dem abgeführten Wärmestrom im Kühlmittel.

Der Spannungsverlauf nach **Bild 54** zeigt eine mittlere Abweichung von $\bar{x}_U = 0{,}275$ V bei einer Standardabweichung der Spannungsdifferenz zwischen Messung und Simulation von $\sigma_U = 0{,}287$ V.

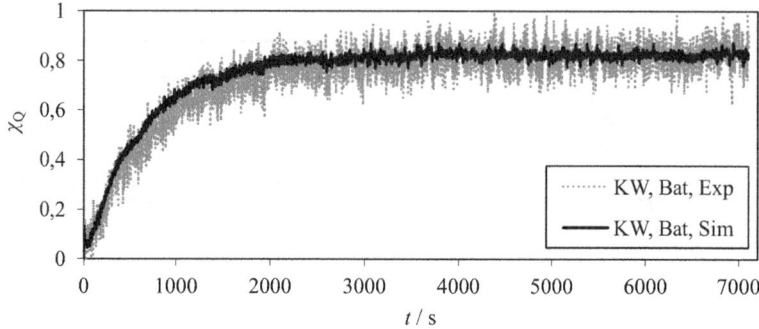

Bild 53: Experimentell bilanzierter und simulierter kühlmittelseitiger Wärmestrom im synthetischen Lade-/Entladeprofil bis in den quasi-stationären Betriebszustand; gute Übereinstimmung des gemittelten Wärmestroms.

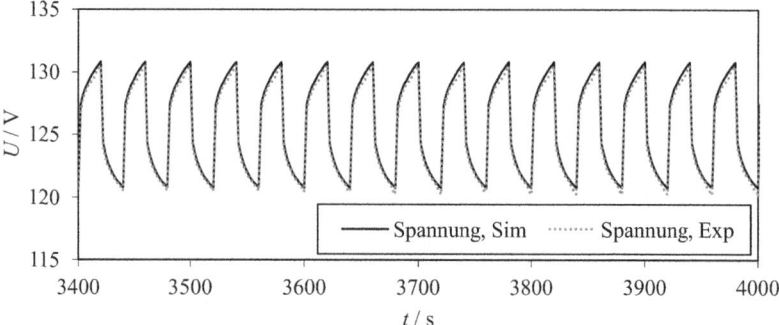

Bild 54: Zeitlicher Ausschnitt der gemessenen und simulierten Spannungsverläufe des Moduls im synthetischen Lade- / Entladeprofil.; $\bar{x}_U = 0{,}275$ V, $\sigma_U = 0{,}287$ V.

Die akkumulierte Messungenauigkeit der Spannungsmesstechnik für das Modul beträgt +/- 0,25 V, somit zeigt die simulativ ermittelte Spannung eine gute Abbildung des Experiments. Die Kontrolle durch den Vergleich der summierten Einzelzellspannungen und die Messung an den Anschlussklemmen der Batterie zeigen keinen nennenswerten Einfluss der ohmschen Verluste in den Verbindungselementen zwischen den Zellen. Ein zusätzlicher Wärmeeintrag durch diese ist daher nicht anzunehmen.

Im Lastfall „Rennstrecke B" wird analog zu den Untersuchungen an der Einzelzelle ein Stromprofil unterschiedlicher Ladezustandsniveaus betrachtet. Zu Beginn wird das Batteriemodul auf $\vartheta_{Start} = 30\ °C$ konditioniert. In **Bild 55** zeigt sich nach Aktivierung des Stromprofils ein Temperaturgradient von 2,4 K/min bei der maximalen Temperatur seitlich am Modul und 1,5 K/min für die maximale Temperatur $\vartheta_{BMS,max}$ im Modul. Dieser Gradient resultiert in einer um 5 K erhöhten maximalen Temperatur an der Zelloberfläche, verglichen mit dem

Maximalwert im Modul. Die Simulation bestätigt das thermische Verhalten der Messung, wobei die Temperaturspreizung innerhalb des Moduls unterschritten wird. Speziell der Verlauf der minimalen Modultemperatur zeigt einen zu raschen Anstieg in der Simulation. Die mittlere gemessene Modultemperatur ϑ_{BMS} weicht um $\bar{x}_T$ = -0,93 K bei einer Standardabweichung von σ_T = 0,64 K ab.

Der simulierte Kühlmittelwärmestrom in **Bild 56** weist eine niedrigere Dynamik als in der Messung auf. Das Modell reagiert auf Gradienten im Kühlmittel deutlich träger als das Batteriemodul. Im weiteren Verlauf wird in der Simulation ein um 10 % erhöhter Wärmestrom abgeführt. Dies deutet zusammen mit den zu hohen Temperaturen im Modul auf eine überhöhte Verlustberechnung des elektrischen Modells hin.

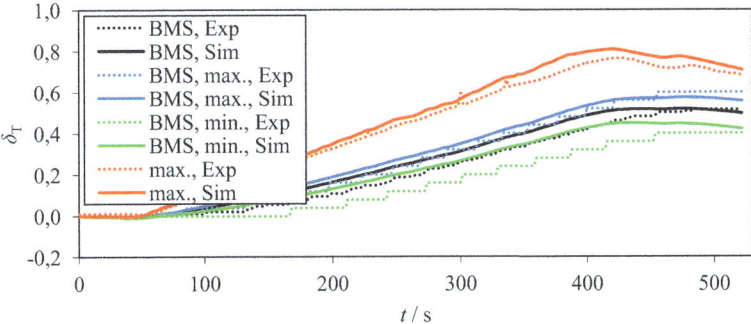

Bild 55: Gemessene und simulierte relative Temperaturdifferenz δ_T angewandt auf die mittlere, maximale und minimale Modultemperatur im Lastfall „Rennstrecke B". Zusätzliche Darstellung der an der Oberfläche der Zellen ermittelten Maximaltemperatur (Index „max."). Die Simulation zeigt höhere BMS Temperatur bei ebenfalls erhöhter maximaler Temperatur an der Hülle der Zellen.

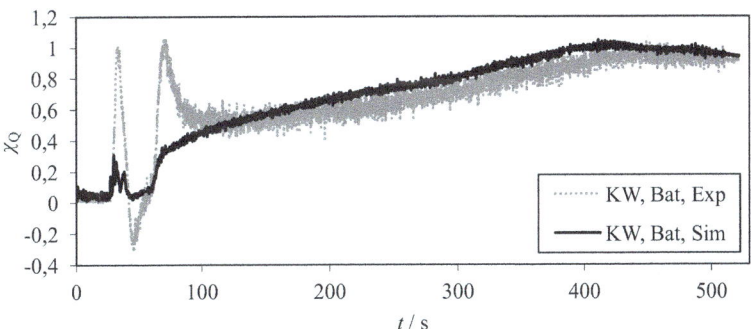

Bild 56: Bilanzierte und simulierte kühlmittelseitige relative Wärmeströme im Lastfall „Rennstrecke B" mit Regelungseinfluss der Kühlmitteltemperierung bis t = 100 s.

Der simulierte und gemessene Spannungsverlauf ist in **Bild 57** dargestellt. Im Mittel zeigt sich eine Abweichung von $\bar{x}_U = -0{,}12$ V, wobei die Standardabweichung $\sigma_U = 1{,}69$ V beträgt. Die Höhe der Spannungsabweichung kann die zuvor gezeigten Abweichungen im bilanzierten Wärmestrom nicht vollständig erklären. Für die weiteren Untersuchungen werden die auftretenden Abweichungen jedoch akzeptiert.

Im Lastfall „Rennstrecke A" zeigt sich eine deckungsgleiche Repräsentation des Simulationsmodells mit den experimentellen Daten (vgl. **Bild 58**). Die maximale gemessene Temperatur an der Oberfläche der Zellen zeigt erneut eine Differenz von 4 K zur gemessenen Maximaltemperatur im Modul, die Simulation prognostiziert diesen Wert noch 2 K höher. Die Abweichung der mittleren Modultemperatur beträgt $\bar{x}_T = -0{,}33$ K bei $\sigma_T = 0{,}31$ K.

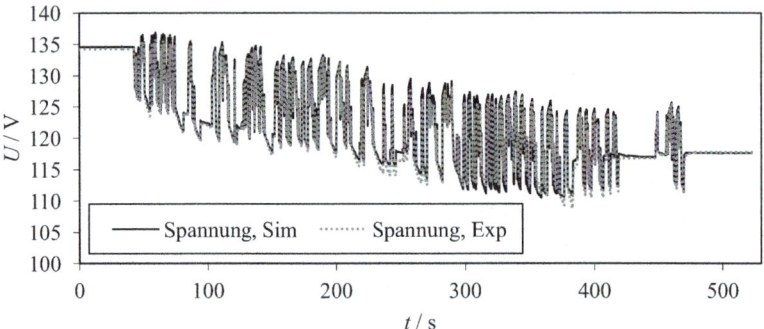

Bild 57: Gemessene und simulierte Spannungsverläufe des Moduls im Lastfall „Rennstrecke B". Absinkendes Spannungsniveau durch Ladezustandsänderung von $SOC = 80$ % auf $SOC = 15$ %; $\bar{x}_U = -0{,}12$ V, $\sigma_U = 1{,}69$ V.

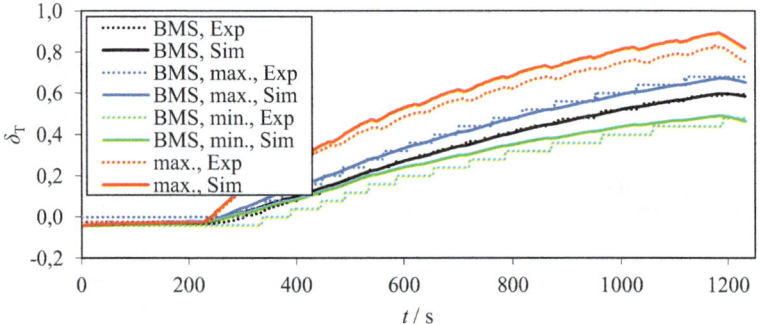

Bild 58: Gemessene und simulierte relative Temperaturdifferenz δ_T angewandt auf die mittlere, maximale und minimale Modultemperatur im Lastfall „Rennstrecke A". Zusätzliche Darstellung der an der Oberfläche der Zellen ermittelten Maximaltemperatur (Index „max."). Gute Übereinstimmung der Simulation mit der BMS Temperatur bei um 2 K überhöhter max. Temperatur an der Hülle der Zellen.

4.4 Thermoelektrische Untersuchungen an einem Batteriemodul

Bild 59 stellt den bilanzierten Wärmestrom $\chi_{Q,KW,Bat,Exp}$ gegenüber dem simulierten Wärmestrom $\chi_{Q,KW,Bat,Sim}$ dar, wobei auch hier ein stärker gedämpfter Verlauf sowie ein erhöhtes Wärmestromniveau gegenüber der Messung zu erkennen sind.

Der Spannungsverlauf über 12 Zyklen des Profils „Rennstrecke A" ist in **Bild 60** dargestellt. Der ladezustandsneutrale Betrieb zeigt eine geringe Abweichung der Anfangsspannung und der Endspannung.

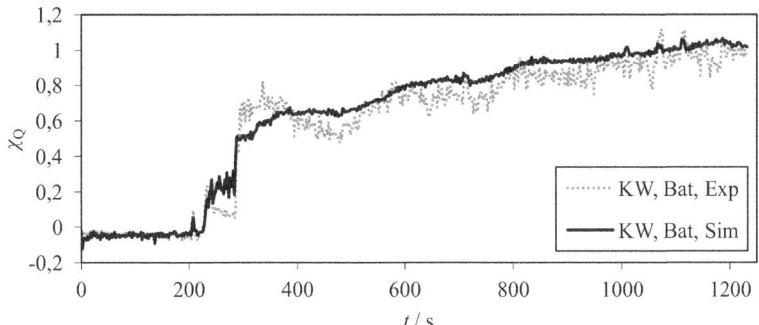

Bild 59: Bilanzierte und simulierte relative kühlmittelseitige Wärmeströme χ_Q im Lastfall „Rennstrecke A".

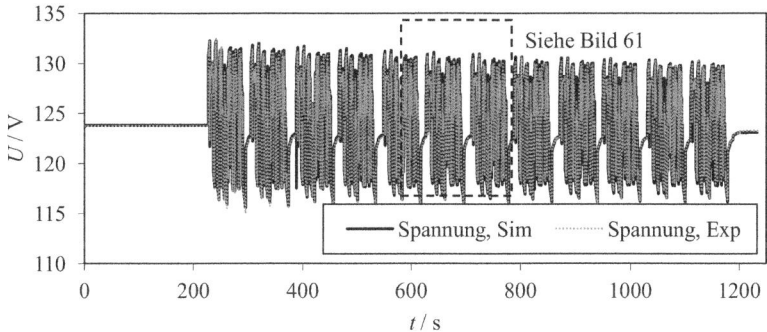

Bild 60: Gemessene und simulierte Spannungsverläufe des Moduls im Lastfall „Rennstrecke A". Gleiches Spannungsniveau zu Beginn und am Ende des Profils aufgrund Ladezustand erhaltender Betriebsstrategie; $\bar{x}_U = -0{,}16$ V; $\sigma_U = 0{,}76$ V.

Die Detailaufnahme des sechsten und siebten Zyklus nach **Bild 61** zeigt eine gute Übereinstimmung in Dynamik und Niveau des Klemmspannungsmodells. Dies spiegelt sich in einer mittleren Abweichung von $\bar{x}_U = -0{,}16$ V sowie einer Standardabweichung von $\sigma_U = 0{,}76$ V wider.

Das Profil „Stadtfahrt" wird ohne Kühlung am Prüfstand durchlaufen. Dies soll das adiabate Verhalten gegenüber der Umgebung sowie die thermische Trägheit des Systems verdeutlichen. Bei einer Starttemperatur von ϑ_{Start} = 30 °C zeigt **Bild 62** einen Temperaturanstieg der mittleren Batterietemperatur um ca. 3 K.

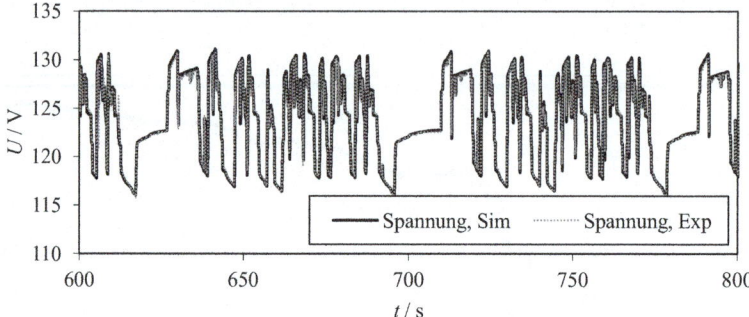

Bild 61: Gemessene und simulierte Spannungsverläufe des Moduls in zwei Zyklen des Lastfalls „Rennstrecke A". Gleiches Spannungsniveau zu Beginn und am Ende des Profils aufgrund Ladezustand erhaltender Betriebsstrategie; $\bar{x}_U$ = -0,16 V; σ_U = 0,76 V.

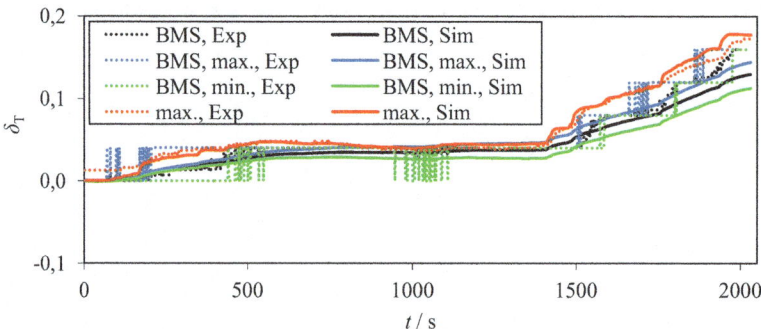

Bild 62: Gemessene und simulierte relative Temperaturdifferenz δ_T angewandt auf die mittlere, maximale und minimale Modultemperatur im Lastfall „Stadtfahrt". Zusätzliche Darstellung der an der Oberfläche der Zellen ermittelten Maximaltemperatur (Index „max."). Gute Übereinstimmung der mittleren BMS Temperatur.

Die maximale Temperatur an der Oberfläche der Zellen beträgt ca. 1 K mehr als an den internen Sensoren. Zwei Bereiche erhöhten Temperaturanstiegs bei 0 s < t < 500 s und 1400 s < t < 2000 s zeigen den Einfluss des reversiblen Wärmestromanteils der Zellen. Der Gradient der Ruhespannung über der Temperatur zeigt bei SOC = 35 % und SOC = 80 % einen Nulldurchgang, wodurch im genannten Zeitbereich ein scheinbarer Kühlungseffekt eintritt. In den Randbereichen des Ladezustands kommen durch diesen Effekt höhere Wärme-

4.4 Thermoelektrische Untersuchungen an einem Batteriemodul

ströme zustande. Das Berechnungsmodell bestätigt das Messungsergebnis und liefert für den adiabaten Zustand der Batterie eine mittlere Abweichung $\bar{x}_T = 0,14$ K bei einer Standardabweichung $\sigma_T = 0,22$ K.

Der Spannungsverlauf in **Bild 63** verdeutlicht die niedrigen Verluste im Profil „Stadtfahrt" gegenüber den gezeigten Rennstreckenprofilen. Die Spannungsdifferenzen gegenüber der Ruhespannung sind deutlich reduziert, so dass geringere Spannungsgradienten und Spannungssprünge auftreten.

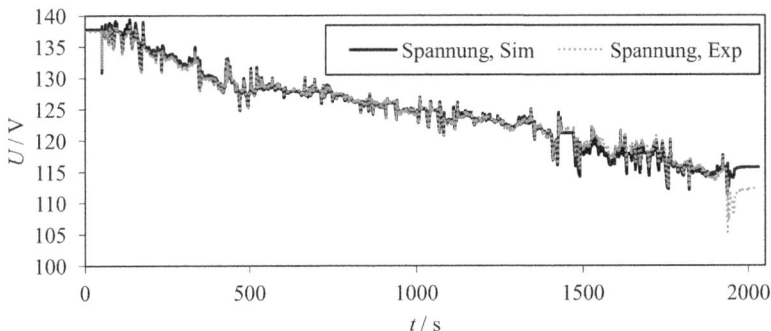

Bild 63: Gemessene und simulierte Spannungsverläufe der Modulspannung im Lastfall „Stadtfahrt". Absinkendes Spannungsniveau durch Ladezustandsänderung von $SOC = 90$ % auf $SOC = 10$ % mit erhöhter Differenz zur Simulation nach der letzten Entladung; $\bar{x}_U = -0,03$ V; $\sigma_U = 0,97$ V.

Das Modul wird ausgehend von einem Ladezustand $SOC = 90$ % kontinuierlich bis zu einem Ladezustand von $SOC = 10$ % entladen, dabei kommt es bei niedrigen Ladezuständen nach dem letzten Entladepuls zu Abweichungen von 4 V. Diese Abweichung ist auf die Ruhespannungscharakteristik zurückzuführen. Die Charakterisierung des Zellmodells wurde in einem Ladezustandsbereich von 90 % bis 10 % durchgeführt. In diesem Bereich weist die Ruhespannung einen steilen Gradienten über dem Ladezustand auf, wodurch geringe Änderungen auf Einzelzellniveau einen großen Einfluss auf die Modulspannung haben. Die Einzelzellspannungen deuten auf eine stärkere Entladung einzelner Zellen hin, was zum einen durch Streuungen unter den Zellen und zum anderen durch thermische Effekte erklärt werden kann. Das Simulationsmodell zeigt den thermischen Einfluss auf das Spannungsverhalten, kann die Steuerung unter den Zellen aber nicht wiedergeben. Dieser Effekt verdeutlicht die Notwendigkeit des Ladezustand-Ausgleichs im Fahrzeug. Die mittlere Spannungsdifferenz über den gesamten Zyklus beträgt dennoch nur $\bar{x}_U = -0,03$ V bei einer Standardabweichung von $\sigma_U = 0,97$ V.

Auf Basis der ausgewerteten Profile kann ein Temperaturbereich zwischen 30 °C und 50 °C in einem Ladezustandsfenster zwischen 10 % und 90 % validiert werden. Das untersuchte Batteriemodell weist in diesem Bereich die in **Tabelle 11** gezeigten Abweichungen in der mittleren Batteriemanagementsystem-Referenztemperatur ϑ_{BMS} auf. Dies zeigt, dass die erarbeitete Methode und das daraus abgeleitete Simulationsmodell eine Prognose der Temperatur mit Ausnahme der maximalen Abweichung im Profil „Rennstrecke B" im Bereich der Messungenauigkeit der verwendeten Temperatursensoren zulassen. Die mittleren Abweichungen liegen mit 0,1 K bis 0,9 K unterhalb der gemessenen Werte. Die Abweichungen der Modulspannung zeigen mittlere Werte zwischen 0 V und 0,3 V unter der gemessenen Spannung (vgl. **Tabelle 12**). Die Standardabweichung weist mit Ausnahme des Profils „Rennstrecke B" Werte kleiner 1 V auf, wobei die maximalen relativen Abweichungen bis zu 8,4 % in einzelnen Punkten betragen. Die geringe Standardabweichung verdeutlicht jedoch die Homogenität der Abweichungen. Der Einsatz eines Klemmspannungsmodells unter Verwendung eines Zeitglieds erster Ordnung zeigt auf Modulebene mit 102 Zellen eine gute Deckung mit den gemessenen Daten. Das Ruhespannungsniveau sowie die Überspannungen werden korrekt wiedergegeben und können für die Berechnung der irreversiblen Wärmeströme verwendet werden. Ferner zeigt sich, dass der Anteil der reversiblen Wärmen besonders bei Lastprofilen geringer Stromraten einen großen Beitrag zur korrekten Prognose der Temperaturen leistet.

Tabelle 11: Statistische Auswertung der Abweichungen der mittleren Modultemperatur in Experiment und Simulation in den betrachteten Fahrprofilen (positive Werte entsprechen höherem Wert in der Messung).

Profil	$\bar{x}_T$ / K	σ_T / K	$|x|_{T,max}$ / K	$|x|_{T,max}/\bar{\vartheta}$ / %
Abkühlkurve 1	0,34	0,21	0,79	3,2
Abkühlkurve 2	0,12	0,26	1,18	4,5
Abkühlkurve 3	0,42	0,34	1,14	4,4
synthetisches Lade- / Entladeprofil	0,17	0,37	0,79	1,8
Rennstrecke A	0,33	0,36	1,22	3,3
Rennstrecke B	0,93	0,64	1,78	5,0
Stadtfahrt	0,14	0,22	0,90	2,9

Tabelle 12: Statistische Auswertung der Abweichungen der Modulspannung U in Experiment und Simulation in den betrachteten Fahrprofilen (positive Werte entsprechen höherem Wert in der Messung).

Profil	$|\bar{x}|_U$ / V	σ_U / V	$|x|_{U,max}$ / V	$|x|_{U,max}/\bar{U}$ / %
synthetisches Lade- / Entladeprofil	0,272	0,287	0,912	2,1
Rennstrecke A	0,164	0,759	10,379	8,4
Rennstrecke B	0,118	1,686	8,226	6,7
Stadtfahrt	0,025	0,970	5,806	4,7

4.5 Validierung im Gesamtfahrzeugverbund

Die bisherige Validierung wurde anhand von Einzelkomponenten bzw. Kreisläufen durchgeführt. Dabei wurden definierte Randbedingungen aufgeprägt, um die Anzahl an Variablen und Interaktionen einzugrenzen. Im Gesamtfahrzeug interagieren der Kühlkreislauf, der Kältemittelkreislauf, das Batteriemanagementsystem und die Batterie in einem geschlossenen Verbund. Für die folgenden Betrachtungen wird auf drei Messungen bei jeweils unterschiedlichen Umgebungsbedingungen und Fahrprofilen zurückgegriffen. Zur Überprüfung der thermodynamischen Wechselwirkungen zwischen den Systemen werden die Ansteuerungen der Wasserpumpe, des Klimakompressors, der Lüfter sowie die Ventilstellungen in den Kreisläufen vorgegeben (vgl. **Bild 64**). Als Ergebnis der Untersuchungen werden die simulierten Batterietemperaturen, die relative Kühlleistung, die relative Leistungsaufnahme des Klimakompressors sowie die Batteriespannung mit den experimentell erfassten Größen verglichen.

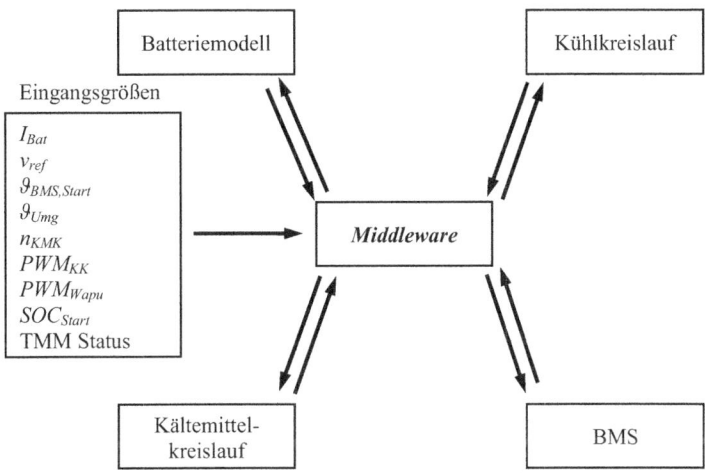

Bild 64: Gekoppelter Simulationsverbund nach **Bild 28** ohne Antriebsstrang unter Verwendung der genannten Eingangsdaten aus der Fahrzeugmessung.

Das Simulationsnetzwerk wird ohne das Antriebsstrangmodell auf seine Übertragbarkeit auf das Fahrzeug überprüft. Der Antriebsstrang wird für die späteren Sensitivitätsanalysen und Betriebsstrategieuntersuchungen herangezogen. Im Fahrzeug erfolgt die Bilanzierung der Wärmeströme im Kühlkreislauf anhand der simulierten Volumenströme des hydraulischen Kühlkreislaufmodells, da eine Messung im Fahrzeug im Rahmen dieser Arbeit nicht möglich war. Die Fluidtemperaturen werden mit PT100 Widerstands-Temperatursensoren an jedem Ein- und Austritt der relevanten Komponenten ermittelt und ermöglichen die Bilanzierung der Wärmeströme in und aus dem Kühlmittel. Im Kältemittel wird der Eintrittsdruck des Kompressors zusammen mit der Drehzahl und der elektrischen Leistungsaufnahme erfasst. Das Batteriemanagementsystem erfasst die Batteriespannung sowie die mittlere, maximale und minimale Batterietemperatur. Neben diesen Größen stehen der Ladezustand, der Kühlungszustand, die Wasserpumpendrehzahl sowie der Batteriestrom in der Messung zur Verfügung. Diese Messgrößen ermöglichen zum einen die Vorgabe aller relevanten Eingangsgrößen, zum anderen die Validierung aller relevanten Zustands- und Prozessgrößen des Batteriesystems und dessen Kühlsystems.

Das in **Abschnitt 4.4** vorgestellte Simulationsmodell des validierten Batteriemoduls wird zur Abbildung des gesamten Batteriesystems im Fahrzeug hydraulisch dreifach parallel verschaltet. Das elektrische Modell wird seriell verschaltet aus den drei Modulen aufgebaut.

Bei den betrachteten Untersuchungen im Fahrzeug wird zwischen gepulster Kühlung, kontinuierlicher Kühlung und keiner Kühlung unterschieden. Bei der gepulsten Kühlung wird entsprechend der Anforderung des Batteriemanagementsystems im Fahrzeug der Einsatz des Kältekreislaufs verlangt. Dabei kommt es zur Ausbildung einer pulsierenden Kühlleistung durch das Ein- und Ausschalten des Klimakompressors. Bei der kontinuierlichen Kühlung wird der Kompressor nicht deaktiviert; die Kühlmitteltemperaturregelung arbeitet ohne abschaltenden Schwellwert. Im Fall der deaktivierten Kühlung bleibt die Wasserpumpe des Kühlkreislaufs im Betrieb, um die Batterietemperatur zu homogenisieren und eine lokale Aufheizung zu vermeiden. Dadurch kann es zu einer Wärmeabfuhr an die Umgebung durch Konvektion an den Kühlmittelleitungen kommen. Dieser Einfluss ist simulativ nur schwer zu erfassen, da die Umströmungsbedingungen und Umgebungstemperaturen der Leitungen unbekannt sind. **Tabelle 13** zeigt die unterschiedlichen Randbedingungen der bewerteten Fahrten, die Batterietemperatur deckt dabei einen Bereich zwischen 20 °C und 37 °C ab. Alle Messungen wurden mit vollgeladener Batterie gestartet und im anschließenden Zyklus auf einen Ladezustand von 20 % entladen.

Tabelle 13: Randbedingungen und Stromprofile der untersuchten thermoelektrischen Validierungsfälle an einem Batteriemodul.

Profil	ϑ_{Start} / °C	ϑ_{Umg} / °C	SOC_{Start}	SOC_{Ende}	Kühlung
Rennstrecke C	27	27	90 %	20 %	gepulst
Rennstrecke A	20	20	90 %	20 %	kontinuierlich
Rennstrecke A	37	20	90 %	20 %	keine

Die Simulation der gepulsten Kühlung im Rennstreckenbetrieb zeigt nach **Bild 65** eine gute Übereinstimmung der maximalen, minimalen und gemittelten relativen Batterietemperatur.

4.5 Validierung im Gesamtfahrzeugverbund

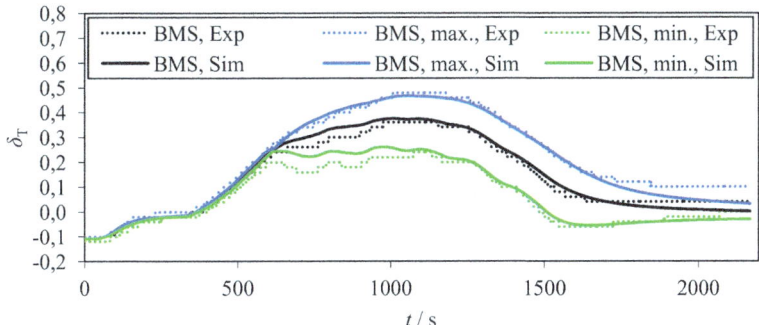

Bild 65: Gemessene und simulierte relative mittlere, max. und min. BMS Temperatur im Lastfall „Rennstrecke C". Die Dynamik der min. Temperatur zeigt die größte Abweichung, Endwert der simulierten Temperaturen um -2 K reduziert gegenüber der Messung.

Über die relative Differenz aus Temperatur ϑ und Startwert ϑ_{Start}

$$\delta_T = \frac{\vartheta - \vartheta_{Start}}{\vartheta_{lim} - \vartheta_{Start}} \tag{4-18}$$

bzgl. der Differenz aus Grenzwert ϑ_{lim} und Startwert können die einzelnen Profile direkt verglichen werden. Zur Übertragbarkeit wird als Startwert ϑ_{Start} = 30 °C eingesetzt. Eine kritische Erwärmung wird erkennbar, wenn die relative Temperaturerhöhung den Wert $\delta_T = 1$ übersteigt. Die absolute Grenztemperatur der Batterie im Fahrzeug wird aus Geheimhaltungsgründen nicht genannt.

Eine homogene Erwärmung der Batterie zeigt sich vor dem ersten Kühlungspuls bei t = 600 s. Durch die Ausbildung eines Temperaturgradienten zwischen Kühlsystem und Batterie weisen die maximale, minimale und mittlere Batterietemperatur bereits nach dem ersten Kühlungspuls eine große Abweichung auf. Die minimale Batterietemperatur zeigt die größte Abweichung bereits zu Beginn der Kühlung. Dieser Effekt entsteht auch auf Modulebene bei den Prüfstandsuntersuchungen. Mit zunehmender Zeit nähert sich der simulierte Temperaturverlauf dem gemessenen Temperaturverlauf kontinuierlich an. Die Temperaturspreizung in Simulation und Experiment zeigt die höchste Differenz am Ende der Fahrt, gleichzeitig ergibt sich auch eine Abweichung von -2 K in der mittleren Batterietemperatur verglichen mit der Messung.

Die Vorgabe des Kühlungszustands im Batteriemanagementsystem resultiert in sechs Wärmestrompulsen im Kältemittel-Plattenwärmeübertrager, die eine hohe Deckung mit der Simulation zeigen (vgl. **Bild 66**).

Der Spannungsverlauf der Batterie ist in **Bild 67** dargestellt. Hier zeigen sich mit sinkendem Ladezustand erhöhte Abweichungen aufgrund zu niedrig berechneter Überspannungen. Die detaillierte Betrachtung der Spannungsverläufe weist eine Abweichung der Ruhespannung auf, da Entlade- und Ladepulse gleichermaßen in Richtung niedrigerer Spannungen versetzt sind. Im Mittel entsteht eine niedrige Abweichung der Spannung $\bar{x}_U = 2{,}41$ V bei $\sigma_U = 3{,}16$ V Standardabweichung, wobei eine Messungenauigkeit von 0,8 V angesetzt werden muss.

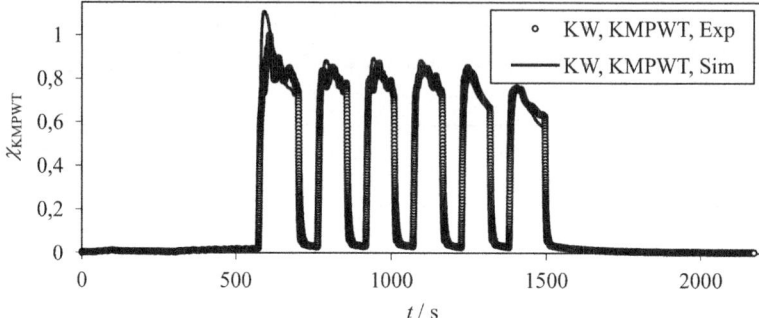

Bild 66: Gemessener und simulierter relativer Wärmestrom am Kältemittel-Plattenwärmeübertrager (KMPWT) im Lastfall „Rennstrecke C". Überschwinger in der Simulation bei erstem Kühlungspuls, hohe Kongruenz in den darauffolgenden Pulsen.

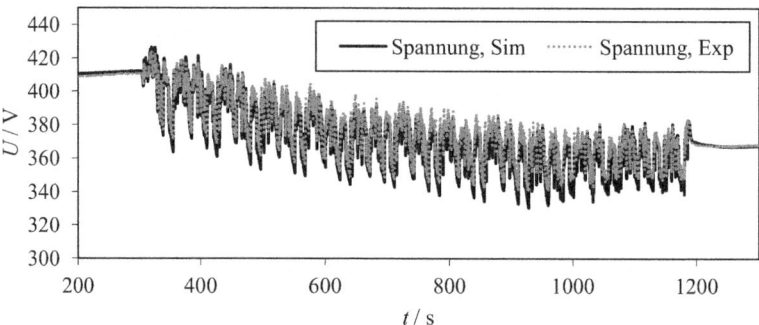

Bild 67: Gemessene und simulierte Spannungsverläufe der Batteriespannung im belasteten Zeitabschnitt im Lastfall „Rennstrecke C". Erhöhte Abweichungen ergeben sich mit abnehmendem Ladezustandsniveau; $\bar{x}_U = 2{,}407$ V; $\sigma_U = 3{,}160$ V.

Im Fall der kontinuierlichen Kühlung bleibt der Kältemittel-Plattenwärmeübertrager dauerhaft aktiviert. Der Klimakompressor regelt das Saugdruckniveau entsprechend der geforderten Kühlmitteleintrittstemperatur der Batterie. Die Kompressordrehzahl wird zur Überprüfung des transienten Verhaltens des Kältemittelsimulationsmodells als Eingangsgröße definiert und die aufgenommene elektrische Leistung wird verglichen. Desweiteren wird der kühlmittelsei-

4.5 Validierung im Gesamtfahrzeugverbund

tige Wärmestrom im Kältemittel-Plattenwärmeübertrager relativ zur Simulation untersucht. Während der Messung ist die Innenraum-Klimatisierung deaktiviert, so dass der Quotient aus abgeführtem Wärmestrom und elektrischer Leistung direkt die Leistungsziffer ε_K ergibt.

Die Batterietemperatur zeigt eine mittlere Abweichung von $\bar{x}_T = -0{,}2$ K bei $\sigma_T = 0{,}5$ K. Die Inhomogenität kann im Simulationsmodell nicht abgebildet werden. Somit wird das Modell mit dem Mittelwert der Temperatur initialisiert. Bei Einsetzen der Kühlung steigt die Differenz zwischen maximaler Temperatur $\vartheta_{BMS,max}$ und minimaler Temperatur $\vartheta_{BMS,min}$ stetig an (vgl. **Bild 68**).

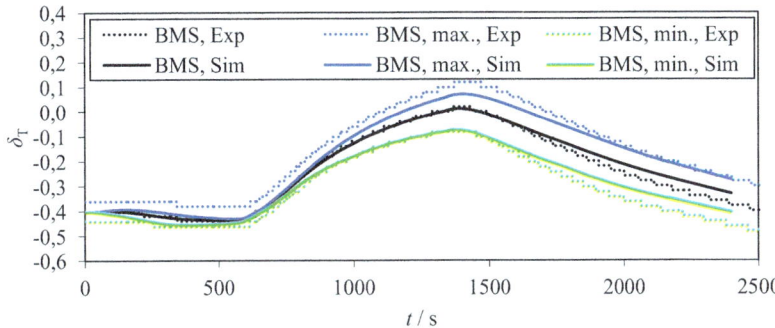

Bild 68: Gemessene und simulierte relative mittlere, max. und min. BMS Temperatur im Lastfall „Rennstrecke A". Die initiale thermische Inhomogenität der Messung kann im Modell nicht berücksichtigt werden.

Die maximale Differenz bleibt bis zum Ende im Modul erhalten. Der Temperaturanstieg sowie die Spreizung werden in der Simulation mit hoher Genauigkeit wiedergegeben, wobei ein Unterschied beim Abkühlen im Gradient der Temperaturen deutlich wird. Das raschere Abkühlen in der Messung gegenüber der zur Umgebung adiabaten Simulation bestätigt die Annahme, dass es keine zusätzliche Wärmequelle außerhalb der Batterie zu geben scheint.

Die elektrische Kompressorleistung wird auf den maximalen gemessenen Wert für die Simulationsergebnisse

$$\chi_{KMK,el,Sim} = \frac{P_{KMK,el,Sim}}{\max(P_{KMK,el,Exp})} \qquad (4\text{-}19)$$

und Messungsergebnisse

$$\chi_{KMK,el,Exp} = \frac{P_{KMK,el,Exp}}{\max(P_{KMK,el,Exp})} \qquad (4\text{-}20)$$

bezogen.

Bild 69 zeigt eine gute Übereinstimmung von elektrischer Leistung des Kompressors und abgeführtem Wärmestrom im Wärmeübertrager zwischen Kühlkreislauf und Kältemittelkreislauf. Die starke Dynamik ist der geregelten Kompressordrehzahl zuzuschreiben, welche in dieser Untersuchung aus der Messung vorgegeben wird. Ab dem Start des Profils wird das

Fahrzeug zunächst für die eigentliche Untersuchung thermisch und elektrisch konditioniert, die Kühlung ist hierbei aktiv. Nach einer Ruhephase beginnt die Rennstreckenfahrt auf Zeit und die Kühlung setzt mit maximaler Leistung ein, um daraufhin die Batterietemperatur möglichst konstant zu halten.

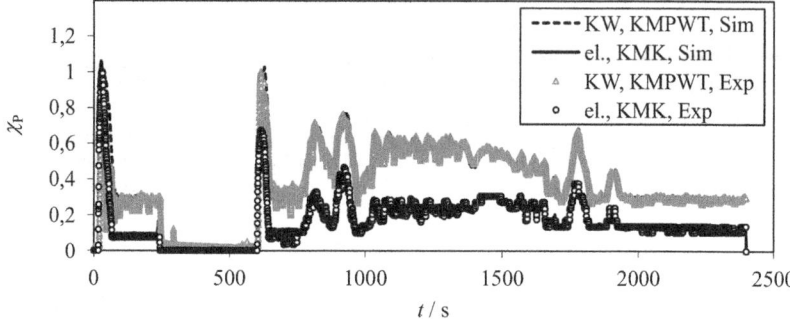

Bild 69: Gemessene und simulierte relative Wärmeströme am Kältemittel-Plattenwärmeübertrager (KMPWT) und elektrische Leistungsaufnahme des Klimakompressors (KMK) im Lastfall „Rennstrecke A"; gute Übereinstimmung in beiden Größen über das gesamte Profil.

Der Spannungsverlauf nach **Bild 70** weist eine mittlere Abweichung kleiner -0,1 V auf, bei einer Standardabweichung von $\sigma_U = 3{,}126$ V. Die Ruhespannung zu Beginn und am Ende des Lastprofils zeigt ebenso eine gute Übereinstimmung des Simulationsmodells. Anhand des Trends des Spannungsverlaufs kann das Profil in einen entladenden Betrieb und einen erhaltenden Betrieb eingeteilt werden. Die Verlustleistung sinkt in diesem Fall ab, was anhand der Überspannungen zu erkennen ist.

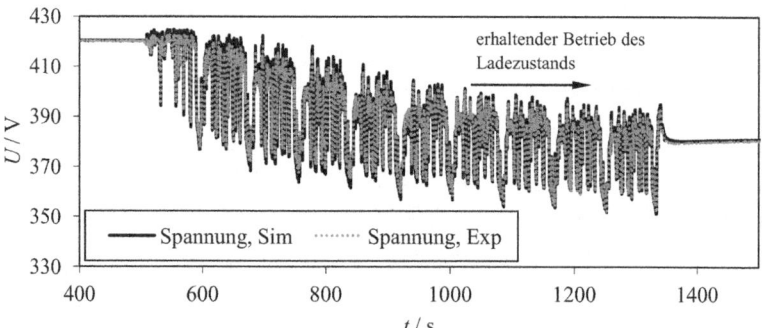

Bild 70: Gemessene und simulierte Spannungsverläufe der Batteriespannung im Lastfall „Rennstrecke A"; gute Deckung der Simulation und Messung über einen breiten Ladezustandsbereich; $\bar{x}_U = -0{,}099$ V; $\sigma_U = 3{,}126$ V.

4.5 Validierung im Gesamtfahrzeugverbund

Die Aufheizung der Batterie ohne aktive Kühlung soll Umgebungseinflüsse während der Belastung und im ruhenden Betrieb der Batterie veranschaulichen. Während der Kältemittel-Plattenwärmeübertrager deaktiviert wird, muss die Pumpe aktiviert bleiben, um die Batterie thermisch zu homogenisieren. Wie zu erwarten, steigt die Temperatur der Batterie laut **Bild 71** zu Beginn stark an. Die Temperaturgradienten hingegen sinken aufgrund des Stromprofils und bedingt durch die Abnahme batterieinterner Verluste bei höheren Temperaturen. In der Simulation stellt sich eine höhere Batterietemperatur gegenüber der Messung ein. Der Maximalwert zum Zeitpunkt $t = 1500$ s weist jedoch eine gute Übereinstimmung auf. Bei hohen Temperaturgradienten zeigt sich wie in den Moduluntersuchungen am Prüfstand eine höhere Diskrepanz der simulierten und gemessenen Daten. Ein an die Umgebung abgeführter Wärmestrom kann diesen Effekt nicht erklären. Nach ca. 1400 s ist die Batterie stromlos, die Temperaturen bleiben jedoch konstant und bestätigen die Annahme eines adiabaten Batteriemoduls.

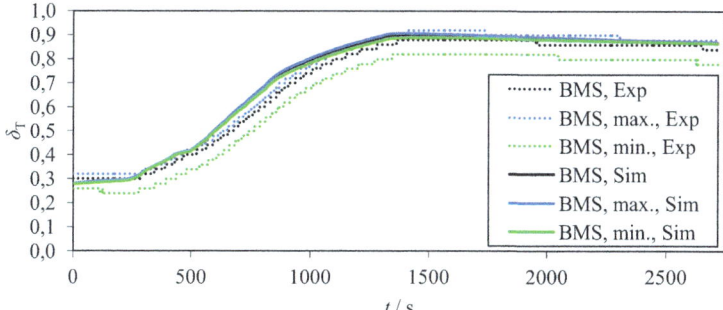

Bild 71: Gemessene und simulierte relative mittlere, max. und min. BMS Temperatur im Lastfall „Rennstrecke A" ohne Kühlung; gute Übereinstimmung der maximalen und mittleren Batterietemperatur bei erhöhter Abweichung in der minimalen Temperatur.

Der Spannungsverlauf nach **Bild 72** zeigt auch in diesem Fall Abweichungen $\bar{x}_U < 0{,}6$ V bei einer Standardabweichung von $\sigma_U = 1{,}486$ V. Deutlich erkennbar ist das sinkende Ruhespannungsniveau aufgrund des Ladezustandsabfalls von $SOC = 90$ % auf $SOC = 20$ %. Der Ruhespannungswert zu Beginn weist eine Differenz zwischen Simulation und Messung von 2 V auf. Dies führt im weiteren Verlauf zu einem Versatz der beiden Spannungen und wird erst gegen Ende des Belastungsprofils ausgeglichen, so dass die Ruhespannung wieder übereinstimmt.

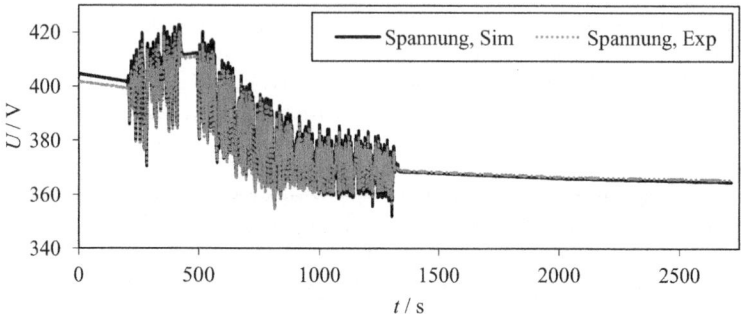

Bild 72: Gemessene und simulierte Spannungsverläufe der Batteriespannung im Lastfall „Rennstrecke A" ohne Kühlung; gute Deckung der Simulation und Messung über einen breiten reich; $\bar{x}_U = -0{,}556$ V; $\sigma_U = 1{,}486$ V.

Tabelle 14: Statistische Auswertung der Abweichungen der mittleren Batterietemperatur in Experiment und Simulation im Fahrzeugversuch (positive Werte entsprechen höherem Wert in der Messung).

Profil	$\bar{x}_T$ / K	σ_T / K	$|x|_{T,max}$ / K	$|x|_{T,max}/\bar{\vartheta}$ / %
Rennstrecke C	-0,2	0,5	1,4	4,0
Rennstrecke A	-0,2	0,4	1,3	5,3
Rennstrecke A ohne Kühlung	-0,6	0,5	2,1	4,5

Die maximalen relativen Differenzen betragen 5,3 % im Fall „Rennstrecke A" mit kontinuierlicher Kühlung. Der Spannungsverlauf der simulierten Profile weist im Mittel Abweichungen kleiner 2,4 V auf (vgl. **Tabelle 15**). Im Maximum können relative Fehler von 9,0 %

Tabelle 15: Statistische Auswertung der Abweichungen der Batteriespannung U in Experiment und Simulation im Fahrzeugversuch (positive Werte entsprechen höherem Wert in der Messung).

Profil	$|\bar{x}|_U$ / V	σ_U / V	$|x|_{U,max}$ / V	$|x|_{U,max}/\bar{U}$ / %
Rennstrecke C	2,407	3,160	24,081	6,3%
Rennstrecke A	-0,099	3,126	35,486	9,0%
Rennstrecke A ohne Kühlung	-0,556	1,486	12,928	3,4%

4.6 Zusammenfassung und Bewertung

Die vorgestellten Simulationsergebnisse der 1D- und pseudo-2D-Simulationsmodelle bestätigen deren Einsatz in einem gekoppelten Simulationsnetzwerk. Bei der Erstellung der Simulationsmodelle wird auf die Verwendung möglichst vieler bereits vorhandener Technologiedaten geachtet, die die Modellerstellung vereinfachen und beschleunigen. Die Kühlkreislaufdaten können im Rahmen der hydraulischen Auslegung eines Kühlsystems gewonnen werden. Bei der Leistungsbewertung eines Kältekreislaufs fallen auch die Messdaten der benötigten Zustands- und Prozessgrößen zur Abstimmung und Überprüfung des Mehrphasensimulationsmodells an. In diesem Zusammenhang ist jedoch auf einen breiten Umgebungstemperatur- und Luftdurchsatzbereich zu achten, um die gezeigten Effekte berücksichtigen zu können. Die Simulationsgüte der vereinfachten Simulationsmodelle beläuft sich bei den Fluidkreisläufen auf Abweichungen von ca. 10 %. In der frühen Entwicklungsphase werden diese Abweichungen akzeptiert und im Laufe der Serienentwicklung mit detaillierterer Kenntnis des Fahrzeugs reduziert.

Bei der Simulation des Batteriesystems wird der Weg von der Einzelzelle über Moduluntersuchungen bis zur Kopplung aller relevanten im Fahrzeugverbund beteiligten Systeme erläutert. Die Einzelzelluntersuchungen zeigen in der Simulation eine hohe Übereinstimmung mit den gezeigten Messergebnissen. Dies trifft sowohl auf die gewonnenen elektrischen Charakteristika als auch auf die thermischen Betriebseigenschaften zu. Gleichzeitig erweist sich bei einer detaillierteren Betrachtung der Temperaturspreizung die Wahl des Messmittels als entscheidend. Bei den verwendeten prismatischen Zellen werden an der Oberfläche geringe Temperaturdifferenzen auch bei hoher Belastung und niedrigen Kühlmitteltemperaturen sichtbar. Die belastbare messtechnische Erfassung der Temperaturspreizungen bedarf weiterer Untersuchungen, falls sich diese geringen Werte dennoch in Bezug auf Alterung oder Belastbarkeit der Zelle und des Batteriesystems als kritisch herausstellen sollten. Dies kann nur über Langzeitversuche und beschleunigte Alterungstests nachgewiesen werden.

Die Überführung des Einzelzellmodells in einen Verbund aus 102 Zellen im Batteriemodul zeigt für vier unterschiedliche Stromprofile und Randbedingungen eine gute Übereinstimmung bzgl. der ermittelten Temperaturen und Spannungen. Im Batteriemodul ist es möglich, das abgegebene Wärmestromniveau über das Kühlmittel zu bilanzieren, da die auftretenden Temperaturdifferenzen nicht in derselben Größenordnung wie der Messfehler liegen. Besonders die Übereinstimmungen des gewählten Klemmspannungsmodells mit einem Zeitglied erster Ordnung bestätigen, dass bereits einfache elektrische Modellierungsansätze in Verbindung mit einem intelligenten Optimierungsverfahren eine gute Wiedergabe des elektrischen Potenzials der Batterie ermöglichen. Darüber hinaus ergibt sich bei Auswertung der abgeführten Wärmeströme und der Temperaturen ein einheitliches Bild des elektrothermischen Systemverhaltens des Batteriemoduls.

In den weiteren Schritten wird das validierte Simulationsmodell des Moduls zusammen mit den Fluidkreisläufen auf die Übertragbarkeit auf das Gesamtfahrzeug untersucht. Hierfür stehen erneut drei unterschiedliche Belastungen und Kühlungskonfigurationen zur Verfügung.

Die Ergebnisse zeigen, dass es auch im Fahrzeugverbund möglich ist, die Wechselwirkungen des Batteriesystems mit dem Kühlsystem und dem Antriebsstrang abzubilden. Im Zuge der Fahrzeuguntersuchungen wird der Antriebsstrang zwar nicht eingebunden, die simulierten Spannungen zeigen jedoch eine hohe Übereinstimmung im dynamischen Verhalten, so dass der Einsatz des Batteriemodells auch hier bidirektional möglich ist.

Bei den vorgestellten Simulationsergebnissen wird der starke Einfluss der Rand- und Umgebungsbedingungen auf das Kühlsystem, den Kältemittelkreislauf und das Batteriesystem deutlich. Die experimentelle Untersuchung dieser Einflussfaktoren ist nur unter hohen Aufwendungen darstellbar. Darüber hinaus stellt die Simulation das einzige Entwicklungswerkzeug für den Einsatz in frühen Entwicklungsphasen dar. Einen Überblick auf die Einsatzmöglichkeiten des veranschaulichten Simulationsnetzwerks soll das nachfolgende Kapitel geben. Das Simulationsnetzwerk dient zum einen dazu, den Einfluss der Batteriekühlung auf die elektrisch erzielbare Reichweite und die Notwendigkeit der Kühlung in typischen gesetzlich vorgeschriebenen Zyklen zu beleuchten. Zum anderen werden Ergebnisse aus Bewertungen von Rennstreckenprofilen und dabei relevanten Randbedingungen vorgestellt und die deutlichen Unterschiede in den thermischen Belastungen aufzeigt.

5 Ergebnisse

5.1 Thermisches Systemverhalten unter Reichweitenaspekten

Einen Kernaspekt elektrifizierter Antriebsstränge stellt die Möglichkeit des rein-elektrischen Fahrens dar. Dieser Anwendungsfall ermöglicht eine Verbrauchsreduktion und zusätzlich die Nutzung regenerativer Energien beim Ladevorgang (vgl. Bundesministerium für Umwelt, Naturschutz und Reaktorsicherheit [62]). Ein weiterer wichtiger Aspekt besteht in der Vermeidung von Zusatzsteuern wie der „City-Maut" in Ballungsräumen (Bsp. Vermeidung der „London Transport Congestion Charge" durch Fahrzeuge mit einem CO_2 Ausstoß ≤ 75 g/km [121]). Die Reichweite hängt dabei von zahlreichen Randbedingungen ab. In diesem Kapitel sollen die thermischen Einflüsse auf die rein-elektrisch erzielbare Reichweite bewertet und die thermischen Einflussfaktoren am Beispiel der „Stuttgart-Runde" (vgl. Hopp et al. [56]) detailliert untersucht werden.

Das gekoppelte Simulationsnetzwerk wird mit dem Antriebsstrangmodell synchron berechnet. Durch die Kopplung kann die benötigte elektrische Leistung des Kühl- und Klimatisierungssystems an das Antriebsstrangmodell übergeben und somit die Änderung im Stromprofil bei der Verlustleistungsberechnung in der Batterie berücksichtigt werden. Zur Bewertung des thermischen Verhaltens des Batteriesystems werden zunächst typisierungsrelevante Fahrprofile und die Auswirkung variierender klimatischer Randbedingungen untersucht. Die Umweltbedingungen werden anhand der in **Tabelle 1** genannten geographischen Lagen vorgegeben, um die repräsentativen Klimatisierungsleistungen bei der Reichweitenbestimmung zu berücksichtigen.

5.1.1 Fahrzyklen und thermisches Systemverhalten

Im Folgenden wird die Abhängigkeit der elektrisch erzielbaren Reichweite des vorgestellten Hybridkonzepts anhand der Fahrprofile

- CADC 130
- CADC 150
- CADC 160
- CADC Road
- CADC Urban
- FTP 75
- US Highway
- NEFZ
- Stuttgart-Runde

■ WLTP Leistungsklasse 3

untersucht. Das jeweilige Fahrprofil wird wiederholt, bis der untere Ladezustandsgrenzwert von $SOC = 10\ \%$ erreicht wird. Bei Umgebungstemperaturen ϑ_{Umg}, die die Solltemperatur der Batterie $\vartheta_{BMS,Soll}$ überschreiten, wird der NT-Kühlerbetrieb durch das Batteriemanagementsystem unterbunden. Somit wird eine Aufheizung der Batterie über die Umgebung verhindert. Die möglichen Kühlzustände reduzieren sich in diesem Zustand auf den Kältemittel-Plattenwärmeübertrager und die reine Umwälzung des Kühlmittels zur Homogenisierung der Batterietemperatur. Zusätzlich zur Innenraumklimatisierung bei hohen Umgebungstemperaturen wird der Wärmestrom des Kältemittel-Plattenwärmeübertragers in den Kältekreislauf eingebracht, was zu hohen Kompressorleistungen führt. Zur Abbildung dieser Effekte muss der Kältekreislauf kontinuierlich im Verbund berechnet werden, allerdings wird hierzu die Zeitschrittweite angepasst, um den Berechnungsaufwand zu reduzieren.

In der Gegenüberstellung in **Bild 73** ist die adiabate Erwärmung der Batterie in den genannten Fahrzyklen dargestellt. Der dimensionslose Temperaturanstieg

$$\delta_{BMS,max} = \frac{max(\vartheta_{BMS}) - \vartheta_{Start}}{\vartheta_{BMS,Soll} - \vartheta_{Start}} \qquad (5\text{-}1)$$

wird anhand einer Vorkonditionierung auf $\vartheta_{Start} = 30\ °C$ und einer Solltemperatur $\vartheta_{BMS,Soll} = 35\ °C$ bewertet. Nimmt diese Größe Werte kleiner 1 an, wird kein Kühlungswunsch ausgelöst.

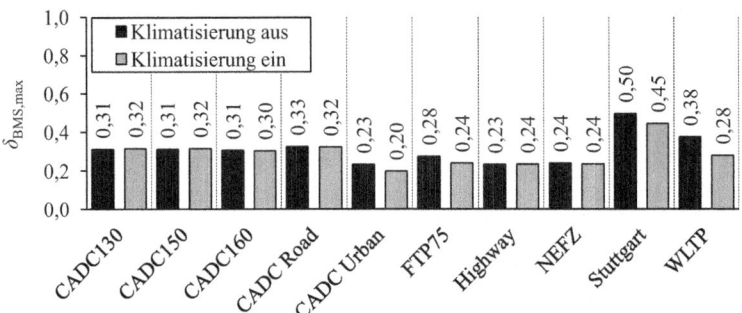

Bild 73: Temperaturanstieg ohne Kühlung im Zustand „Tokio" bei aktivierter und deaktivierter Innenraumklimatisierung. Der Temperaturanstieg ist in der „Stuttgart-Runde" aufgrund der höchsten Belastung am größten.

Die CADC Zyklen „130", „150", „160" und „Road" zeigen einen maximalen Anstieg der dimensionslosen mittleren Batterietemperatur auf $\delta_{BMS,max} = 31\ \%$, wobei der Einfluss der Innenraumklimatisierung vernachlässigt werden kann. Diese Erwärmung verursacht keinen Kühlungswunsch bei einer Solltemperatur der Batterie von $\vartheta_{BMS,Soll} = 35\ °C$. Der Temperaturanstieg in den Zyklen CADC Urban, FTP 75, „US Highway" und im NEFZ zeigt im Mittel

5.1 Thermisches Systemverhalten unter Reichweitenaspekten

einen niedrigeren Wert von $\delta_{BMS,max}$ = 25 %. Bei aktivierter Klimatisierung fällt ein gesunkener Temperaturanstieg auf, der über das Fahrprofil erklärt werden kann. Die Batterie erreicht bei aktivierter Innenraumkühlung den unteren Ladezustandsgrenzwert, bevor Bereiche höherer Antriebsleistung auftreten. Dieser Effekt zeigt sich besonders in den Zyklen „Stuttgart-Runde" und WLTP in der Leistungsklasse 3, wobei im WLTP der dimensionslose Temperaturanstieg von $\delta_{BMS,max}$ = 38 % bei aktiver Klimatisierung auf $\delta_{BMS,max}$ = 28 % ohne Klimatisierung absinkt. Die „Stuttgart-Runde" zeigt einen maximalen Anstieg um $\delta_{BMS,max}$ = 50 %.

Bild 74 verdeutlicht den Effekt der niedrigeren Temperaturerhöhung in der „Stuttgart-Runde" bei aktivierter Innenraumklimatisierung. Durch die höheren Ströme aufgrund der zusätzlichen Klimakompressorleistung erhöht sich die Temperatur bis zu ihrem Maximum bei t = 1480 s. Zu diesem Zeitpunkt erreicht die Batterie ihren minimal zulässigen Ladezustand und die Simulation wird abgebrochen. Ohne Klimatisierung wird eine höhere Reichweite erzielt. Die gesteigerte Lastanforderung resultiert in einem steilen Temperaturgradienten bis zur Erreichung des minimalen Ladezustands.

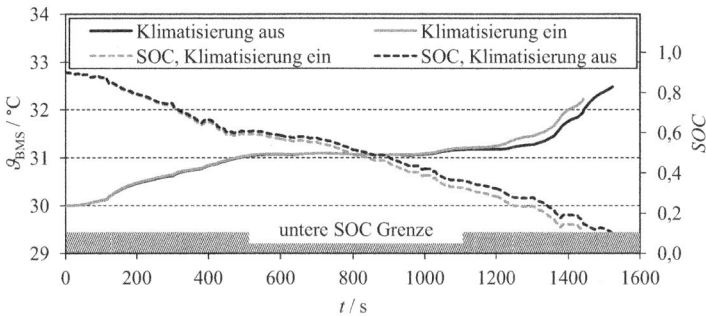

Bild 74: Darstellung der Temperaturerhöhung und des Ladezustands in der „Stuttgart-Runde" bei aktivierter und deaktivierter Innenraumklimatisierung; die vergrößerte Reichwerte sorgt für die Entstehung höherer Ströme nach 1400 s aufgrund des vorgegebenen Geschwindigkeitsprofils.

Der Haupteinfluss der Innenraumklimatisierung zeigt sich in der erzielbaren Reichweite im rein-elektrischen Modus. Im Folgenden wird die Reichweite als relative Differenz gegenüber der maximal erzielbaren kumulierten NEFZ Reichweite $s_{el,NEFZ}$ über die Größe

$$\delta_{s,el} = \frac{s_{el}}{s_{el,NEFZ}} - 1 \tag{5-2}$$

ausgedrückt.

Bei einer Umgebungstemperatur von ϑ_{Umg} = 30 °C im Zustand „Tokio" erreicht das Plug-in-Konzept eine relative Reichweite entsprechend **Bild 75**.

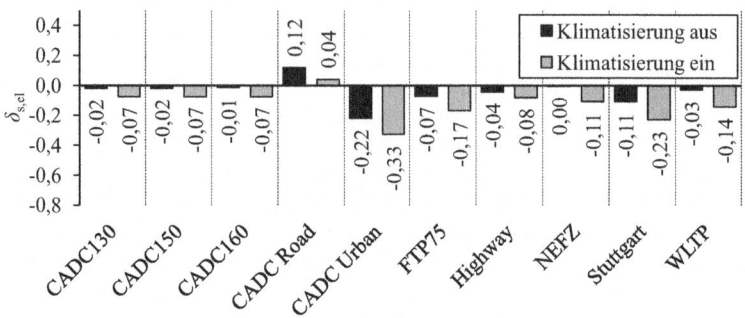

Bild 75: Relative Reichweitenänderung $\delta_{s,el}$ im Zustand „Tokio" bei aktivierter und deaktivierter Innenraumklimatisierung. Im CADC Road Zyklus ist die Reichweitenänderung gegenüber NEFZ am höchsten, in CADC Urban am niedrigsten. Für die Klimatisierung wird ein Umluftanteil von 50 % angenommen.

Die Batterie muss in diesen Betriebszuständen nicht aktiv gekühlt werden, da eine Solltemperatur $\vartheta_{BMS,Soll} = 35\,°C$ vorgegeben ist. Mit Ausnahme des Zyklus CADC Road zeigen alle Zyklen eine reduzierte Reichweite gegenüber NEFZ, im CADC Urban stellt sich eine verminderte Reichweite um 22 % gegenüber NEFZ ein.

Die Klimatisierung bewirkt eine Reichweitenreduktion von 5 bis 11 Prozentpunkten bei den gegebenen Randbedingungen. Der Anteil der aufzuwendenden Energiemenge für die Klimatisierung zeigt eine Abhängigkeit der zeitlichen Profillänge aufgrund der quasikonstanten Grundlast. Hinzu kommt die notwendige Energiemenge für die Batteriekühlung bei Zuständen oberhalb des geforderten Temperaturbereichs. Zur Bewertung dieser Einflüsse wurden die bereits gezeigten Fahrprofile bei vier Umgebungsrandbedingungen untersucht. Diese werden entsprechend der gezeigten Bedingungen in **Tabelle 1** im **Abschnitt 2.4** als Zustand „Phoenix", „Frankfurt a. M.", „Málaga" und „Tokio" bezeichnet. Das Simulationsmodell wird bei Umgebungstemperatur initialisiert, so dass im Zustand „Málaga" und „Phoenix" die Starttemperatur der Batterie größer als der Sollwert ist. Der relative Energieanteil der Kühlung des Innenraums und der Batteriekonditionierung

$$\mu_{el} = \frac{E_{el,Kühlung}}{E_{el,Traktion} + E_{el,Kühlung}} \tag{5-3}$$

an der Gesamtenergiemenge zeigt nach **Bild 76** einen deutlichen Einfluss der zeitlichen Profillänge. Im Zustand „Phoenix" resultieren die Batteriekühlung und die Innenraumklimatisierung in einem Anteil von bis zu $\mu_{el} = 0{,}42$ der elektrischen Gesamtenergie. Im Zyklus CADC Urban dagegen zeigen die Klimatisierung und Batteriekühlung im Zustand „Frankfurt a. M." einen maximalen Anteil von $\mu_{el} = 0{,}16$ für diesen Zyklus. In der „Stuttgart-Runde" stellen sich reduzierte Anteile im Zustand „Phoenix" von $\mu_{el} = 0{,}24$ und $\mu_{el} = 0{,}06$ im Zustand „Frankfurt a. M." ein.

5.1 Thermisches Systemverhalten unter Reichweitenaspekten

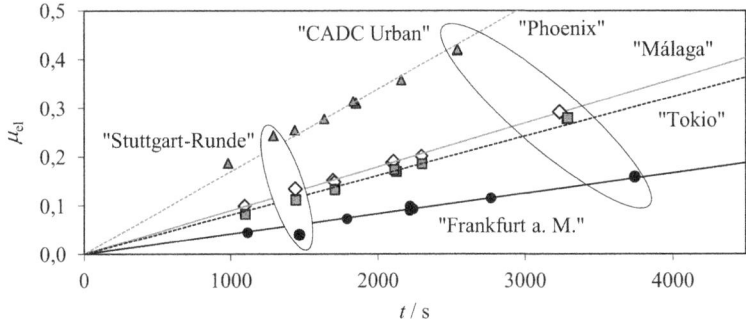

Bild 76: Anteil der Energiemenge für Kühlung μ_{el} an der gesamten elektrischen Energiemenge bei den Umgebungsbedingungen „Málaga", „Frankfurt", „Phoenix" und „Tokio" in den zuvor gezeigten Zyklen mit Markierung der Zyklen „Stuttgart-Runde" und „CADC Urban".

Konz et al. [73] zeigen im NEFZ bei $\vartheta_{Umg} = 35\ °C$ und 1000 W/m² Sonnenintensität einen Anteil der Klimatisierungsleistung für ein Fahrzeug der „Golf" Klasse von 46 % der Gesamtenergie im Frischluftbetrieb und 35 % bei 50 prozentigem Umluftbetrieb. Der Anteil im Umluftbetrieb resultiert bei einer Traktionsenergiemenge von 1,74 kWh (Konz et al. [73]) über einen NEFZ in einer elektrischen Leistung von durchschnittlich $P_{el} = 2,86$ kW. Im Vergleich dazu wird im gezeigten Simulationsmodell bei $\vartheta_{Umg} = 35\ °C$ und 900 W/m² Sonnenintensität (siehe Großmann [46]) eine elektrische Leistung von $P_{el} = 1,8$ kW benötigt. In den gezeigten Untersuchungen stellt die Innenraumklimatisierung eine Grundlast dar und ist nicht Ziel der Untersuchungen dieser Arbeit. Bei erhöhten Starttemperaturen der Batterie zeigt sich jedoch ein großer Einfluss auf die erzielbare Reichweite. Die dargestellten Anteile beinhalten die elektrischen Energiemengen für die Kühlung der Kabine und der Batterie.

Die betrachteten Fahrzyklen und Umgebungseinflüsse unterstreichen einen starken Einfluss der Innenraumklimatisierung auf die elektrisch erzielbare Reichweite des Fahrzeugs. Gleichzeitig ist bei Umgebungstemperaturen von $\vartheta_{Umg} = 30\ °C$ keine Kühlung der Batterie notwendig, da der maximale Temperaturanstieg $\Delta T_{Bat} <= 2,5$ K beträgt. Die Wechselwirkung der zusätzlichen Leistungsaufnahme durch die Klimatisierung resultiert in niedrigeren maximalen Temperaturen als ohne Klimatisierung. Das betrachtete Batteriesystem erreicht vor einer Kühlungsanforderung den unteren Grenzwert des Ladezustands. Der Batteriestrom geht linear in die verbleibende Kapazität ein, wobei die Verlustleistung zum Strom in quadratischem Verhältnis steht. Wird die Batterie mit einem niedrigen Strom permanent entladen, ergeben sich niedrigere Abwärmen bei Erreichen des unteren Grenzwerts des Ladezustands.

Aus dieser Feststellung folgt die Fragestellung, ob eine Batterie größerer elektrischer Kapazität zu höheren Temperaturen führen würde, wenn von einer konstanten Energiedichte und Leistungsdichte der Batterie ausgegangen wird. Bei einer Erhöhung der elektrischen Kapazität um den Faktor 2 und gleichzeitig konstanter Spannungslage ergibt sich die doppelte Zellanzahl. Die Zellen werden parallel verschaltet und die Ströme pro Zelle somit halbiert. Aufgrund des quadratischen Verhältnis aus Strom und Abwärmeverhalten der Zellen wird die Verlustleistung demnach geviertelt, wenn von der Abnahme des Innenwiderstands bei höheren Strömen abgesehen wird. In Kombination mit einer Verdopplung der thermischen Masse der Batterie und einer vernachlässigten Rückwirkung der höheren Fahrzeugmasse auf das Stromprofil zeigt sich damit ein Temperaturanstieg in Höhe eines Viertels vom Anstieg in der Ausgangssituation. Der Kehrwert des Faktors stellt sich bei einer Halbierung der Kapazität ein. Zur näheren Betrachtung der Starttemperatur, Umgebungstemperatur und Solltemperatur der Batterie wird die „Stuttgart-Runde" im nachfolgenden Kapitel detaillierter betrachtet.

5.1.2 Thermische Reichweiteneinflüsse in der „Stuttgart-Runde"

Die bisherigen Untersuchungen basieren auf einem auf Umgebungstemperatur homogen konditionierten Fahrzeug und einer vorgegebenen Batteriesolltemperatur von $\vartheta_{BMS,Soll} = 35$ °C. Im realen Fahrbetrieb weicht die Batterietemperatur jedoch von der Umgebungstemperatur ab, beispielsweise nach einem Ladevorgang oder nach einer Fahrt im Hybridmodus. Als Sensitivitätsanalyse zum Reichweiteneinfluss und der sich einstellenden Batterietemperatur werden ausgehend vom Normzustand bei $\vartheta_{Umg} = 30$ °C die Solltemperatur, Umgebungstemperatur und die Starttemperatur der Batterie variiert. Ferner werden der Betriebsbereich des NT-Kühlers und der damit verbundene Reichweitenvorteil aufgezeigt.

Der NT-Kühler eines Batteriesystems bietet die Möglichkeit der effizienten Abfuhr von Wärme an die Umgebung, ohne auf einen Kälteprozess zurückgreifen zu müssen. Die Leistungsfähigkeit hängt dabei stark von der Eintrittstemperaturdifferenz am Kühler ab. Zur Bewertung des Kühlungspotenzials wird ausgehend von einer konditionierten Batterie bei $\vartheta_{BMS} = 35$ °C die Umgebungstemperatur von $\vartheta_{Umg} = 35$ °C auf $\vartheta_{Umg} = 20$ °C reduziert, bis die gewünschte Solltemperatur $\vartheta_{BMS,Soll} = 35$ °C im Profil eingehalten werden kann. Die resultierende dimensionslose maximale Temperatur der Batterie $\delta_{BMS,max}$ aufgetragen über der Umgebungstemperatur ist in **Bild 77** dargestellt.

Die Solltemperatur kann mit Einsatz des Kältemittel-Plattenwärmeübertragers über den gezeigten Umgebungstemperaturbereich eingehalten werden. Kommt nur der NT-Kühler ohne Lüfter zum Einsatz, kann dies erst ab 24 °C sichergestellt werden. Durch den Einsatz des Lüfters wird die mögliche Umgebungstemperatur für den NT-Kühler-Betrieb auf 28 °C angehoben.

Das Energieeinsparungspotenzial durch den NT-Kühler zeigt sich durch den Vergleich mit dem reinen Kältemittel-Plattenwärmeübertrager-Einsatz und bei Deaktivierung des Lüfters unter denselben Randbedingungen. In allen Betriebszuständen ist die Innenraumklimatisierung in Betrieb, wodurch der Kältemittel-Plattenwärmeübertrager nur einen kurzzeitig erhöhten Wärmeeintrag in den Kältemittelkreislauf bewirkt. Die Leistungsziffer sinkt von $\varepsilon_K = 5{,}8$ bei $\vartheta_{Umg} = 20$ °C auf $\varepsilon_K = 3{,}0$ bei $\vartheta_{Umg} = 35$ °C durch die Abhängigkeit von der Umgebungstemperatur und dem damit verbundenen Anstieg des Druckverhältnisses am Kompressor.

5.1 Thermisches Systemverhalten unter Reichweitenaspekten

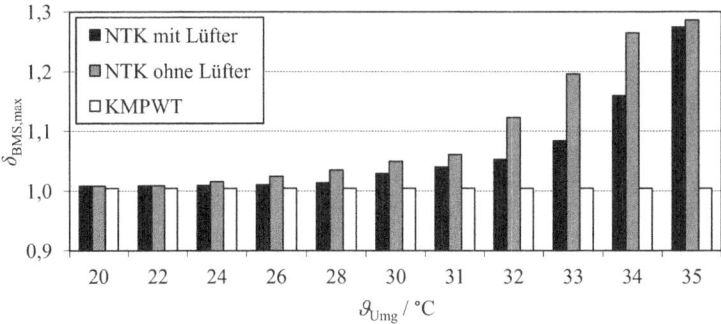

Bild 77: Vergleich des NT-Kühlerbetriebs mit und ohne Lüfter gegenüber dem reinen Kältemittel-Plattenwärmeübertrager (KMPWT) bezüglich der maximalen dimensionslosen Batterietemperatur $\delta_{BMS,max}$; Einsatz des KMPWT sorgt für die Einhaltung der Solltemperatur zwischen $\vartheta_{Umg} = 20$ °C und 35 °C; NT-Kühler Betrieb mit Lüfter ab $\vartheta_{Umg} = 28$ °C möglich, ohne Lüfter ab $\vartheta_{Umg} = 24$ °C möglich; Innenraum Klimatisierung aktiv.

Die notwendige Kühlleistung von $\dot{Q}_{KW,KMPWT} = 370$ W zur Einhaltung der Solltemperatur zeigt sich in einer zusätzlichen Antriebsleistung von $P_{KMK,el} = 64$ W bei $\vartheta_{Umg} = 20$ °C und $P_{KMK,el} = 123$ W bei $\vartheta_{Umg} = 35$ °C. Die Lüfterleistung für die beiden Kondensatoren wird durch den Einsatz des Kältemittel-Plattenwärmeübertragers angepasst, um das Druckniveau nach Kompressor zu reduzieren.

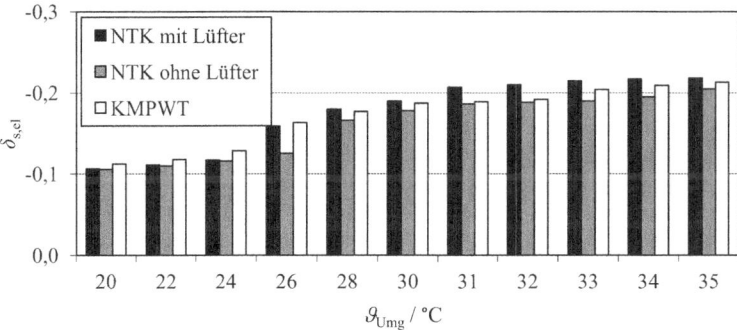

Bild 78: Vergleich des NT-Kühler Betriebs mit und ohne Lüfter gegenüber dem reinen Kältemittel-Plattenwärmeübertrager (KMPWT) bezüglich der Reichweitenänderung gegenüber NEFZ; Innenraum Klimatisierung aktiv.

Einen weiteren wichtigen Reichweiteneinfluss stellt die gewünschte Solltemperatur der Batterie dar. Besonders bei hohen Starttemperaturen folgen hohe Leistungsaufnahmen der Kühlungskomponenten aus einer Reduktion der Zieltemperatur. Am Beispiel der „Stuttgart-

Runde" wird ausgehend von einer Umgebungstemperatur von $\vartheta_{Umg} = 30$ °C und einer Starttemperatur von $\vartheta_{Start} = 30$ °C die Solltemperatur von $\vartheta_{BMS,Soll} = 35$ °C auf $\vartheta_{BMS,Soll} = 20$ °C reduziert. Dieser Schritt lässt sich durch die genannten Abhängigkeiten der Alterung der Kathode von Lithium-Ionen-Batterien nach Fellberg [40] erklären. Danach zeigt sich ein beschleunigter Abbau der Leistungsfähigkeit bei Batterietemperaturen größer 23 °C.

Bei sinkender Batterietemperatur nimmt jedoch gleichzeitig der elektrische Wirkungsgrad der Batterie ab. Dies führt zu erhöhten Abwärmen und einer zusätzlichen Last am Batteriekühlsystem. Um eine Batterietemperatur kleiner 25 °C zu erreichen, muss die minimal mögliche Kühlmitteleintrittstemperatur der Batterie auf 15 °C reduziert werden (siehe **Bild 79 (a)**).

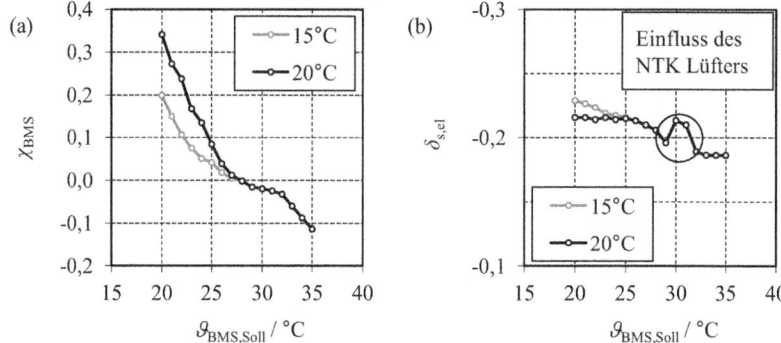

Bild 79: Einfluss der Solltemperatur der Batterie auf (a) die mittlere dimensionslose Batterietemperatur und (b) die Reichweitenreduktion im Fall „Stuttgart-Runde" bei Variation der minimal erlaubten Kühlmitteltemperatur am Eintritt der Batterie.

Die maximal zulässige Temperaturdifferenz zwischen Batterie und Kühlmitteleintrittstemperatur wird nicht geändert. Die maximale Temperaturdifferenz innerhalb der Zellen wird hierdurch auf 0,9 K erhöht, was jedoch innerhalb der geforderten Werte liegt. Ebenso zeigt sich ein geringer Anstieg der Temperaturdifferenz auf $\Delta T_{BMS} = 1,9$ K innerhalb der Batterie, allerdings ist auch dieser Wert als unkritisch zu bewerten. Zur Darstellung der Temperaturentwicklung wird die dimensionslose mittlere Batterietemperatur

$$\chi_{BMS} = \frac{\vartheta_{BMS}}{\vartheta_{BMS,Soll}} - 1 \tag{5-4}$$

über die Batteriesolltemperatur $\vartheta_{BMS,Soll}$ gebildet. Dies ermöglicht eine direkte Bewertung der mittleren Batterietemperatur hinsichtlich der Einhaltung der geforderten Temperatur.

Wird die Solltemperatur der Batterie von 35 °C auf 20 °C reduziert, zeigt sich bereits bei $\vartheta_{BMS,Soll} = 26$ °C eine Überschreitung der mittleren Batterietemperatur gegenüber dem geforderten Wert. Bei einer minimalen Kühlmitteltemperatur von 20 °C steigt diese Überschreitung stark an. Werden niedrigere Kühlmitteltemperaturen vom Batteriemanagementsystem freigegeben, sinken die Überschreitungen der Batterietemperatur auf fast 50 % gegenüber der höheren Kühlmitteltemperatur ab. Eine weitere Absenkung der Kühlmitteltemperatur bringt keinen weiteren Nutzen, da bei entsprechender Luftfeuchtigkeit eine Kondensation an den Zulaufleitungen zur Batterie auftreten kann. Anhand des h/x Diagramms nach *Mollier* (vgl. Trogisch und Franzke [122]) für einen Umgebungsdruck p_{Umg} = 1013,25 bar kann am Beispiel des Umgebungszustands „Tokio" (ϑ_{Umg} = 30 °C; φ_{Umg} = 75 %) eine minimale Kühlmitteltemperatur von $\vartheta_{KW,Bat,ein}$ = 25 °C und im Zustand „Phoenix" (ϑ_{Umg} = 43 °C; φ_{Umg} = 15 %) eine minimale Temperatur von $\vartheta_{KW,Bat,ein}$ = 10,5 °C aufgezeigt werden. Unter Berücksichtigung dieser thermodynamischen Gesetzmäßigkeiten müssen zur Steigerung der Kühlleistung Vorkehrungen, z.B. isolierte Rohrleitungen oder eine gezielte Entwässerung, getroffen werden.

Bei Betrachtung des Sprungs zwischen den Solltemperaturen $\vartheta_{BMS,Soll}$ = 31 °C und $\vartheta_{BMS,Soll}$ = 32 °C wird der Einfluss der Batteriekühlung auf die Reichweite in Höhe von 2,4 Prozentpunkten der NEFZ Reichweite deutlich (siehe **Bild 79 (b)**). Dies ist durch den Einfluss des Lüfters am Niedertemperaturkühler zu erklären, wobei dieser lokale Einfluss vermieden werden kann. Eine weitere Absenkung der Solltemperatur auf 20 °C reduziert die Reichweite um 4 % gegenüber dem ungekühlten Zustand, wenn eine minimale Kühlmitteltemperatur von 15 °C eingestellt wird. Bei 20 °C minimaler Kühlmitteltemperatur kann die geforderte Solltemperatur nicht erreicht werden, daher beschränkt sich die erreichbare mittlere Temperatur in der „Stuttgart-Runde" auf 27 °C bei der gewählten Kühlungsstrategie. Dies hat zur Folge, dass die Reichweite gegenüber dem NEFZ von -18,6 % bei einer Solltemperatur von 35 °C auf -23 % bei einer Solltemperatur von 20 °C absinkt.

Diese Ergebnisse zeigen, dass die Reichweite des Fahrzeugs eine starke Abhängigkeit von der benötigten Batterietemperatur infolge berücksichtigter Alterungseffekte aufweist. Die Reduktion der Reichweite fällt mit bis zu -23 % gegenüber dem NEFZ aus. Eine inverse Betrachtung der Sollwertanpassung stellt die Untersuchung bei variabler Starttemperatur der Batterie dar. Infolge der Ladung an einer Ladesäule oder durch die Verwendung des Hybridmodus kommt es zu einer Erwärmung der Batterie. Wenn im Anschluss an den Ladevorgang eine rein-elektrische Fahrt folgen soll, wird das Batteriemanagementsystem die Batterie wieder in den vorgesehenen Bereich überführen müssen. Die Kühlung wird anhand der „Stuttgart-Runde" bei ϑ_{Umg} = 30 °C und einer Solltemperatur von $\vartheta_{BMS,Soll}$ = 35 °C untersucht. Dazu wird zum einen die Starttemperatur schrittweise von 30 °C auf 45 °C angehoben, zum anderen werden die Reichweitenänderung sowie die resultierende Batterietemperatur überprüft.

Bei diesen Betrachtungen bleibt die Innenraumklimatisierung erhalten, es erfolgt jedoch aufgrund der erhöhten Last im Kältemittelkreislauf eine Änderung der Leistungsziffer, wodurch auch die Lüfteransteuerung automatisch im Modell angepasst wird. Das Kühlsystem reagiert zu Beginn mit langen Kühlungsphasen in der höchsten konventionellen Kühlungsstufe „TMM07", in der der Kältemittel-Plattenwärmeübertrager priorisiert geregelt wird, der Verdampfer aber aktiv bleibt. Nachdem die aus der aktuellen Batterietemperatur und der Solltemperatur abgeleitete Kühlmitteltemperatur erreicht ist, springt das Kühlsystem in eine niedrigere Stufe, wobei das Kühlmitteltemperaturniveau wieder ansteigt und die Kühlung bei Erreichen des Schwellwertes wieder in einen höheren Zustand übergeht.

Bild 80 (a) zeigt die dimensionslose Batterietemperatur χ_{BMS} in Abhängigkeit der Starttemperatur ϑ_{Start}. Aufgrund einer Solltemperatur von $\vartheta_{BMS,Soll} = 35\ °C$ erfolgt die aktive Kühlung erst ab einer Starttemperatur von 34 °C. Im Anschluss muss die Kühlleistung gesteigert werden, um die Temperaturen möglichst nahe am Sollwert zu halten. Die aktive Kühlung der Batterie ermöglicht die Einhaltung der mittleren Batterietemperatur in einem Fenster von - 10 % < χ_{BMS} < 10 %.

Der Kühlleistungsbedarf steigt kontinuierlich an und resultiert in einer Reduktion der Reichweite bzgl. NEFZ von bis zu -22 % bei einer Starttemperatur von $\vartheta_{Start} = 45\ °C$ verglichen mit -18 % bei $\vartheta_{Start} = 34\ °C$ (vgl. **Bild 80 (b)**). Der Anstieg auf $\delta_{s,el} = -18{,}6\ \%$ bei $\vartheta_{Start} = 30\ °C$ ist durch die höheren Innenwiderstände der Batterie zu erklären.

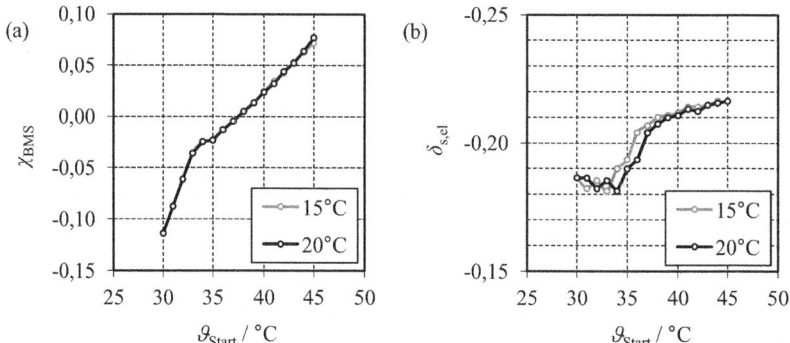

Bild 80: Einfluss der Starttemperatur auf (a) die dimensionslose mittlere Batterietemperatur und (b) die Reichweitenreduktion im Fall „Stuttgart-Runde" bei Variation der minimal erlaubten Kühlmitteltemperatur am Eintritt der Batterie zwischen 15 °C und 20 °C.

Die Batteriekühlung bei hohen Starttemperaturen reduziert die elektrisch erzielbare Reichweite deutlich. Mögliche Ursachen für eine erhöhte Batterietemperatur vor Fahrtantritt sind ein (Schnell-)Ladevorgang oder eine vorherige Fahrt im Hybridmodus, bei der die Batterietemperatur nicht entsprechend der Solltemperatur geregelt wurde. Eine Kühlung ist daher während der Ladung im stationären Betrieb sinnvoll, um die folgende elektrische Fahrt nicht zu beeinflussen. Da die elektrische Leistung für die Kühlung der Ladeleistung entzogen wird, erfordert dies ein intelligentes Lademanagement, um die Ladezeiten nicht unnötig zu verlängern.

Im Hybridmodus hingegen muss auf eine möglichst konstante Einhaltung der Solltemperaturen geachtet werden, was jedoch durch die hohe thermische Trägheit des Batteriesystems negativ beeinflusst wird. Eine Regelung in Abhängigkeit der tatsächlichen Last, wie von

Rindsfüßer et al. [105] am Beispiel eines Hybrid Omnibusses gezeigt, erweist sich in diesem Zusammenhang als sinnvoll.

5.1.3 Reichweitenuntersuchungen für die „End-of-Life" Betrachtung

Das Abwärmeverhalten einer Batterie ist bestimmt durch die Impedanz der Zellen. Durch die Alterung des aktiven Materials steigt die Impedanz, während die Kapazität sinkt. In Folge dessen muss ein „End-of-Life" (EOL) Szenario der Batterie für die Funktionstüchtigkeit des Batteriekühlsystems untersucht werden. Für die Auslegung des Systems ist es nicht relevant zu wissen, wie die Alterung verläuft, sondern welche gestiegenen Abwärmen vom Kühlsystem bei einer gealterten Batterie abgeführt werden müssen, um die Batteriesolltemperatur sicherzustellen. Im Folgenden wird ein „End-of-Life" Szenario anhand einer unternehmensinternen Definition der Dr. Ing. h.c. F. Porsche AG angenommen. Die Impedanz einer Zelle in diesem Zustand zeigt gegenüber einer Zelle im „Beginning-of-Life" (BOL) Zustand einen um den Faktor

$$r = \frac{R_{EOL}}{R_{BOL}} = 1{,}5 \qquad (5\text{-}5)$$

gesteigerten Wert. Gleichzeitig sinkt bei einer Alterung die Kapazität um den Faktor

$$c = \frac{Q_{EOL}}{Q_{BOL}} = 0{,}8 \qquad (5\text{-}6)$$

gegenüber der Kapazität der Zelle im neuen Zustand. Die Größenordnung der Kapazitätsreduktion wird durch aktuelle Untersuchungen von Saxton [110] bestätigt, wonach das Batteriesystem des Tesla „Roadster" eine Restkapazität zwischen 80 % und 86 % nach 100.000 Meilen aufweist. Nach Saxton [109] zeigt sich im Falle des Tesla „Roadster" eine geringe Auswirkung der Umgebungstemperatur auf die Kapazität verglichen mit dem Nissan „LEAF", der keine Kühlung der Batterie vorsieht.

Durch die gestiegenen Verluste sind die Überspannungen erhöht, zudem steigen zur Erhaltung der Leistung die Ströme der Batterie an. In Kombination mit einer gesunkenen elektrischen Kapazität der Zellen stellen sich deutlich niedrigere Reichweiten ein. Anhand der „Stuttgart-Runde" werden der Kühlbedarf und die Beeinflussung der reinen elektrisch erzielbaren Reichweite aufgezeigt. Den Vergleich einer neuen Batterie (BOL) mit einer gealterten Batterie ohne Kapazitätsänderung ($r = 1{,}5$ und $c = 1$; EOL1) sowie einer gealterten Batterie mit Kapazitätsänderung ($r = 1{,}5$ und $c = 0{,}8$; EOL2) zeigt **Bild 81**. Die relative Reichweitenänderung $\delta_{s,el}$ wird über der Umgebungs- bzw. Starttemperatur der Batterie aufgetragen. Die Einflüsse werden anhand der „Stuttgart-Runde" aufgezeigt.

Bei einer Starttemperatur von $\vartheta_{Start} = 30\,°C$ und einer Umgebungstemperatur von $\vartheta_{Umg} = 30\,°C$ weist das Batteriesystem im gealterten Zustand um 55 % erhöhte Verlustleistungen auf. Die Kühlung muss diese Verluste in Form von Wärme abführen, um den Temperaturanstieg zu verzögern. Die relative Reichweitenänderung infolge eines gestiegenen Innenwiderstands fällt gegenüber der Kapazitätsabnahme deutlich geringer aus. Der alleinige

Anstieg des Innenwiderstands senkt die mögliche Reichweite um maximal 0,9 % gegenüber dem neuen Zustand. Tritt zusätzlich eine Kapazitätsänderung ein, sinkt die erzielbare Reichweite bei $\vartheta_{Start} = \vartheta_{Umg} = 30\ °C$ auf $\delta_{s,el} = -30\ \%$, wobei die relative Reichweite der neuen Batterie -19 % gegenüber dem NEFZ beträgt. Die Reichweitenreduktion steigt im gealterten Zustand auf bis zu -42 % bei $\vartheta_{Start} = \vartheta_{Umg} = 40\ °C$ an.

Die mittlere dimensionslose Batterietemperatur χ_{BMS} ist in **Bild 82** dargestellt, wobei die Unterschiede zwischen den betrachteten Fällen gering ausfallen. Bei Starttemperaturen < 30 °C ist keine Kühlung notwendig, oberhalb dieser Temperatur kann die Solltemperatur von 35 °C eingehalten werden. Bei einer Änderung des Innenwiderstands um den Faktor $r = 1,5$ stellen sich um 1,5 K gestiegene Temperaturerhöhungen ΔT_{Bat} gegenüber dem neuen Zustand ein.

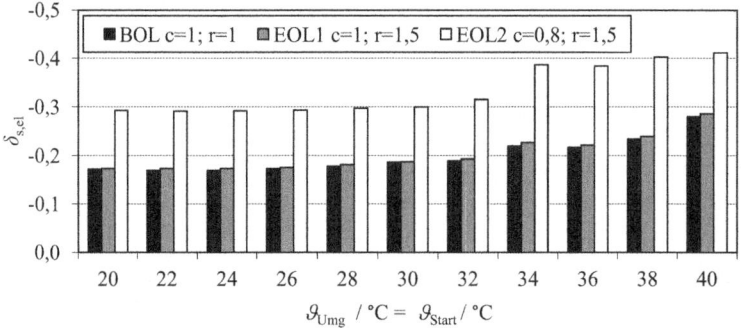

Bild 81: Vergleich der relativen Reichweitenänderung $\delta_{s,el}$ in der „Stuttgart-Runde" im BOL, EOL1 ($c = 1; r = 1,5$) und EOL2 ($c = 0,8; r = 1,5$) Zustand bei Variation der Umgebungs- und Starttemperatur zwischen 20 °C und 40 °C.

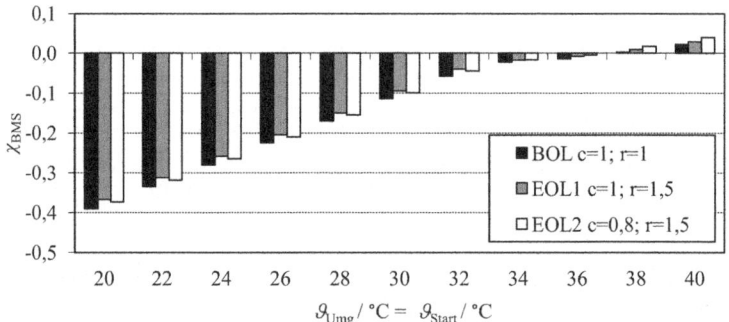

Bild 82: Vergleich der maximalen Temperaturerhöhung ΔT_{Bat} in der „Stuttgart-Runde" im BOL, EOL $c = 1; r = 1,5$ und EOL $c = 0,8; r = 1,5$ Zustand bei Variation der Umgebungs- und Starttemperatur zwischen 20 °C und 40 °C.

5.1.4 Zusammenfassung und Bewertung

Die Temperaturerhöhung der Traktionsbatterie ist in allen betrachten Zyklen bei Umgebungstemperaturen und Starttemperaturen kleiner gleich 30 °C als unkritisch zu bewerten, so dass keine Kühlung der Batterie erfolgen muss. Dies gilt jedoch nur, wenn eine Solltemperatur von 35 °C angestrebt wird. Wird zusätzlich zur Antriebsleistung ein Kühlungswunsch geäußert, steigen die Stromraten an. Das Batteriesystem erreicht dadurch schneller die untere Ladezustandsgrenze, so dass die Temperaturerhöhung in manchen Zyklen niedriger ausfällt. Unter Berücksichtigung des Insassenkomforts und einer notwendigen Batteriekonditionierung bei Umgebungstemperaturen von 40 °C zeigt sich ein Anteil der Klimatisierungsleistung von 72 % an der Antriebsleistung in Fahrprofilen mit niedrigem Geschwindigkeitsniveau. Die benötigte Kühlleistung reduziert daher die zur Verfügung stehende elektrische Reichweite deutlich.

Eine Möglichkeit zur Senkung des elektrischen Energiebedarfs für die Batteriekühlung bietet die Verwendung eines Niedertemperaturkühlers. Beim vorgestellten Fahrzeugkonzept und den vorliegenden Leistungsdaten der Batterie stellt sich jedoch kein deutlicher Reichweitenvorteil dieses Systems ein. Ausgehend von einer konstant initiierten Batterietemperatur von 35 °C zeigt die sukzessive Absenkung der Umgebungstemperatur eine mögliche Kühlung der Batterie über den Niedertemperaturkühler unter 28 °C Umgebungstemperatur, verbunden mit einer identischen Reichweitenreduktion bei Verwendung des Kältemittelkreislaufs. Wird der Lüfter des Niedertemperaturkühlers nicht aktiviert, sinkt der mögliche Umgebungstemperaturbereich auf kleiner 24 °C ab und die Reichweitenreduktion entspricht wieder der des Betriebs mit Kältemittelkreislauf. Sinkt die Umgebungstemperatur, steigt der Wirkungsgrad des Kältekreislaufs an und kompensiert den vermeintlichen Nachteil bzgl. der elektrisch erzielbaren Reichweite. Die gezeigten Ergebnisse können jedoch nicht generalisiert werden. Vielmehr ist es notwendig, das Batteriesystem in seinem Verlustleistungsverhalten sowie die Effizienz der einzelnen Kühlungssysteme zu analysieren, um eine spezifische Lösung für ein System zu erhalten. In Anbetracht der angespannten Gewichts-, Kosten- und Bauraumanforderungen eines Hybridfahrzeugs sind Komponenten wie der Niedertemperaturkühler ausgehend von diesem Beispiel zu überdenken.

Im weiteren Vorgehen wird der gemischte Zyklus „Stuttgart-Runde" in einem erweiterten thermischen Bereich untersucht. Wird die angestrebte Batterietemperatur aus Alterungsgründen auf 20 °C abgesenkt, zeigt sich ein negativer Einfluss auf die Reichweite von 4 Prozentpunkten. Um eine Solltemperatur von 25 °C einzustellen, werden jedoch Vorlauftemperaturen im Kühlmittel kleiner 20 °C benötigt, was zu Herausforderungen bei der Verhinderung von Kondensation aufgrund erhöhter Umgebungsfeuchte führen kann. Wird die Fahrt mit einer nicht konditionierten Batterie durchgeführt, sinkt die Reichweite infolge der zusätzlichen Kühlungsleistung um bis zu 3 Prozentpunkte ab, wobei sich ein geringer Einfluss der minimal erlaubten Vorlauftemperatur ergibt. Darüber hinaus stellt sich die Frage, welchen Einfluss eine gealterte Batterie auf die Temperaturerhöhung und die Reichweite hat. Hierzu wird eine gealterte Batterie mit 80 % der Nominalkapazität und 150 % des Nominalwiderstands angenommen. Wird die Widerstandserhöhung getrennt betrachtet, zeigt sich erst bei

Umgebungstemperaturen größer 30 °C ein Einfluss auf die Reichweite, die Kapazitätsänderung dagegen resultiert in bis zu 16 Prozentpunkten der Reichweitenabnahme. Die Batterietemperatur wird in allen Fällen vom Batteriemanagementsystem auf den Sollwert eingestellt. Die gezeigten Untersuchungen machen den thermischen Einfluss der Batterie auf die Reichweite deutlich. Die Leistungsaufnahme des Batteriekühlsystems zeigt besonders bei hohen Umgebungstemperaturen oder aufgewärmter Batterie einen negativen Einfluss. Wird dies mit einer niedrigeren Solltemperatur der Batterie verbunden, steigt die Reichweitenreduktion auf bis zu 7 Prozentpunkte an. Es wird ersichtlich, dass Maßnahmen wie die aktive Vorkonditionierung während des Ladevorgangs sowie die sorgfältige Wahl der Batteriesolltemperatur die elektrisch erzielbare Reichweite positiv beeinflussen können.

5.2 Thermisches Systemverhalten im Rennstreckenbetrieb

Der Rennstreckenbetrieb stellt für das vorgestellte Fahrzeugkonzept und das Batteriesystem einen wichtigen Anwendungsfall dar. Das Thermomanagement-System der Batterie hat die Aufgabe einer möglichst effizienten Kühlung in Kombination mit der thermischen Absicherung bei höchsten Anforderungen. Gegenüber den Anwendungsfällen in den Verbrauchszyklen steigen die Stromraten deutlich an, diese resultieren in stark erhöhten Verlustleistungen, die wiederum vom Kühlsystem abgeführt werden müssen.

Darüber hinaus müssen im Rennstreckenbetrieb hohe Umgebungstemperaturen sowie die unterschiedlichen Betriebs- und Regelstrategien der Batterie beachtet werden. Die Klimatisierung des Innenraums rückt bei den folgenden Untersuchungen in den Hintergrund, wodurch die volle Leistungsfähigkeit des Kühlsystems gewährleistet wird. Nachfolgend sollen unterschiedliche Streckenprofile sowie Betriebsarten untersucht werden. Desweiteren wird die Abhängigkeit der Batterietemperatur von den Startbedingungen und der Umgebungstemperatur ausgewiesen. Das zur Verfügung stehende Kühlungspotenzial für den Innenraum kann über die Simulation im Verbund ebenso bewertet werden. Im letzten Abschnitt dieses Kapitels wird der Einfluss der Regelungsstrategie sowie ausgewählter Parameter analysiert. Einen weiteren wichtigen Aspekt der Batteriekühlung stellt die Interaktion mit den restlichen Kühlungssystemen des Fahrzeugs dar, dabei spielt besonders das Abwärmeverhalten der Kondensatoren eine entscheidende Rolle.

In den folgenden Bewertungen wird die dimensionslose Temperaturänderung

$$\delta_{BMS,max} = \frac{\max(\vartheta_{BMS,max}) - \vartheta_{Start}}{\vartheta_{lim} - \vartheta_{Start}} \qquad (5\text{-}7)$$

durch den maximalen Wert der BMS-Temperatur $\vartheta_{BMS,max}$, abzüglich der Starttemperatur ϑ_{Start}, bezogen auf die Temperaturdifferenz zwischen dem Grenzwert ϑ_{lim} der Batterietemperatur und der Starttemperatur gebildet.

5.2 Thermisches Systemverhalten im Rennstreckenbetrieb

Zur Bewertung der Temperaturdifferenz innerhalb der Batterie wird der dimensionslose Faktor

$$\delta_{dT} = \frac{\max (\Delta T_{BMS})}{\Delta T_{Grenze}} \qquad (5\text{-}8)$$

aus dem Maximalwert der Temperaturdifferenz ΔT_{BMS} und dem maximal erlaubten Grenzwert ΔT_{Grenze} gebildet.

Die relative Verlustleistung

$$\chi_{Bat,irrev} = \frac{\dot{Q}_{Bat,irrev}}{\dot{Q}_{Bat,irrev,max}} \qquad (5\text{-}9)$$

wird anhand der maximal auftretenden Verlustleistung $\dot{Q}_{Bat,irrev,max}$ in den Betriebsfällen berechnet. Um den Leistungsbedarf der Kühlung zu berücksichtigen, wird der relative Effektivwert des Stroms

$$\chi_{I,RMS,K} = \frac{I_{RMS,K}}{I_{RMS,Bat}} \qquad (5\text{-}10)$$

aus dem Strombedarf der Kühlung $I_{RMS,K}$ in Relation zum gesamten Batteriestrom $I_{RMS,Bat}$ berechnet. Analog berechnet sich der relative Batteriestrom $\chi_{I,RMS}$ in Bezug auf den maximal auftretenden Wert. Bei einer konstanten Zeitschrittweite berechnet sich der verwendete Effektivwert des Stroms

$$I_{RMS} = \sqrt{\frac{1}{n} \sum_{i=1}^{n} i_i^2} \qquad (5\text{-}11)$$

aus dem quadratischen Mittelwert des Stromverlaufs i_i.

Bei den folgenden Kühlungsbewertungen wird zwischen zwei Kühlungsstrategien differenziert. In der Basisvariante werden die Lüfter und die Pumpe geregelt betrieben und die minimale Batterieeintrittstemperatur des Kühlmittels auf 20 °C begrenzt. Gleichzeitig darf eine maximale Temperaturdifferenz zwischen Batterie und Kühlmittel von 18 K nicht überschritten werden. Zur Maximierung der Kühlung werden die Lüfter und die Pumpe in der Maximalkühlungsvariante bei höchster Leistung betrieben. Die minimal erlaubte Kühlmitteltemperatur wird auf 15 °C abgesenkt und auch bei höheren Batterietemperaturen beibehalten.

5.2.1 Vergleich verschiedener Streckenprofile und Betriebsarten

Zur Bewertung der Batteriekühlung auf der Rennstrecke werden zwei Profile und zwei Betriebsarten verglichen. „Rennstrecke A" weist eine niedrigere mittlere Geschwindigkeit auf, wobei insgesamt 12 Zyklen durchfahren werden. „Rennstrecke B" umfasst deutlich längere einzelne Zyklen und höhere Geschwindigkeiten. Es werden zwei Zyklen mit fliegendem Start simuliert. Bei den Betriebszuständen wird zwischen ladezustandserhaltendem und entleerendem Betrieb unterschieden. Im sogenannten „sustaining" Modus stellt sich ein mittleres konstantes Ladezustandsniveau ein, das aus reduzierten Entladephasen resultiert. Wird die Batterie dagegen im „depleting" Modus betrieben, erfolgt eine Entladung der Batterie bis an ihre Spannungs- und Ladezustandsgrenzwerte. Im „sustaining" Modus zeigt sich aufgrund der Innenwiderstandsabhängigkeit und des Einflusses der reversiblen Wärmen außerdem ein Einfluss des angestrebten mittleren Ladezustands auf das Batterietemperaturniveau. Im „sustaining" Modus wird eine maximale Ladezustandsdifferenz von 10 % zwischen dem Startwert und dem minimalen Ladezustand zugelassen. Bei Erreichen des unteren Schwellenwerts wird kein Entladestrom mehr freigegeben, bis eine ausreichende Energiemenge rekuperiert werden konnte. Für den „depleting" Modus wird ein unterer Grenzwert von $SOC = 20\%$ definiert, dieser gewährleistet die Einhaltung der Entladeschlussspannung auch bei kurzzeitig hohen Entladeströmen. Im Vergleich der unterschiedlichen Betriebsmodi und Startladezustände zeigen sich in **Bild 83** deutliche Unterschiede in der maximalen Temperaturerhöhung.

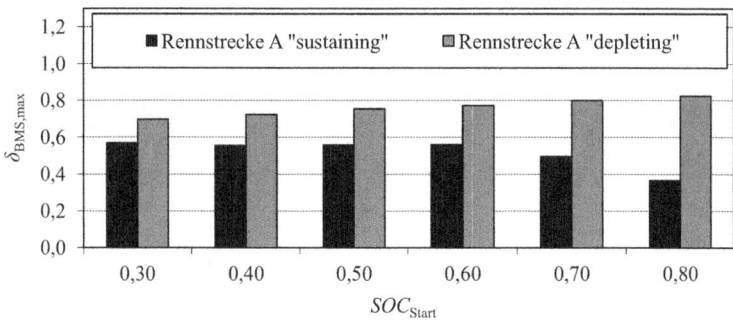

Bild 83: Vergleich der relativen maximalen BMS Temperatur $\delta_{BMS,max}$ auf „Rennstrecke A" in den Modi „sustaining" und „depleting" bei Variation des Start-Ladezustands SOC_{Start}. Es zeigt sich ein deutlich erhöhter Temperaturanstieg im „depleting" Modus gegenüber dem „sustaining" Modus im Fall $\vartheta_{Umg} = \vartheta_{Start} = 30\,°C$ bei Anwendung der Basiskühlung.

Der Temperaturanstieg beim entladenden Betrieb der Batterie erreicht maximal 82 % des erlaubten Temperaturanstiegs. In Folge der niedrigeren entnehmbaren Energiemenge sinkt die Temperaturdifferenz bei abnehmenden Startladezuständen auf minimal 70 % des tolerierbaren Werts. „Rennstrecke A" zeigt einen leicht erhöhten Temperaturanstieg verglichen mit „Rennstrecke B" im entladenden Betrieb bei 80 % Ladezustand. Dies lässt sich bei 50 % Startladezustand im ladezustandserhaltenden Betrieb bestätigen. Bei Startladezuständen oberhalb 60 % sinkt die Verlustleistung im „sustaining" Modus deutlich. Aufgrund der höheren Batteriespannung wird zur Umsetzung derselben Leistungen ein niedriger Batteriestrom benötigt. Dies wirkt sich direkt auf die Abwärme der Batterie aus.

5.2 Thermisches Systemverhalten im Rennstreckenbetrieb

Aus den Gegenüberstellungen in **Bild 84** wird der starke Einfluss des Betriebszustands in Form der Verlustleistung der Batterie deutlich. Die Abwärme bei einem Start-Ladezustand von 80 % beträgt im „sustaining" Modus weniger als 40 % des „depleting" Modus.

Bei einer im Mittel konstanten Temperatur weist die Verlustleistung einen quadratischen Zusammenhang mit dem Effektivwert des Stromes auf (vgl. **Bild 85 (a)**). Diese Regression zeigt eine gute Übereinstimmung der Abwärme mit dem Effektivwert des Stromes. Der Koeffizient der quadratischen Funktion beinhaltet den Ersatzwiderstand der Batterie für einen repräsentativen Betriebspunkt. Wenn die Batterietemperatur in den betrachteten Betriebspunkten jedoch stark schwankt, muss dies bei der Bestimmung des Koeffizienten berücksichtigt werden. Ein weiterer Einflussfaktor in Bezug auf die Anwendbarkeit der Korrelation besteht in der Varianz der Stromrate. Durch die Häufigkeitsverteilung der spezifischen Stromrate in **Bild 85 (b)** wird der Einfluss der Betriebsstrategie und des Fahrprofils klar. Am Beispiel des Rennstreckenprofils „B" zeigen sich über 10 % der Betriebspunkte mit größer 30 C Stromraten verglichen mit kleiner 5 % Anteil der 30 C Stromraten für das Fahrprofil „Rennstrecke A".

Für die Auslegung eines Batteriekühlsystems sind daher die Betriebsart und der elektrische Betriebsbereich der Batterie entscheidend. Stellt sich ein Ungleichgewicht zwischen abgegebener und aufgenommener Ladungsmenge ein, zeigt sich dies besonders deutlich in der Verlustleistung der Batterie. Der Effektivwert des Batteriestroms gilt als wichtiges Indiz für die auftretenden Verluste in der Batterie. Zusammen mit der Häufigkeitsverteilung des Batteriestroms lassen sich Fahrprofile entsprechend ihrer thermischen Last einordnen.

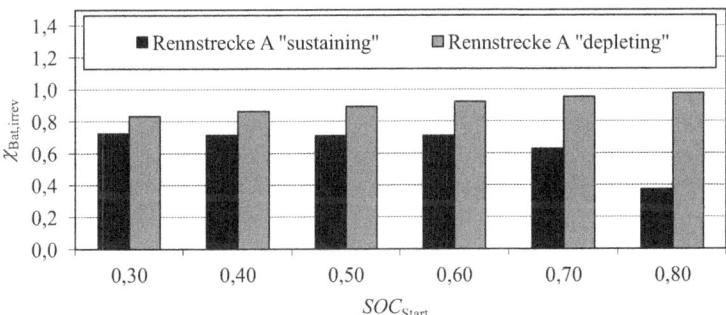

Bild 84: Vergleich der relativen Verlustleistung $\chi_{Bat,irrev}$ auf „Rennstrecke A" in den Modi „sustaining" und „depleting" bei Variation der Start-Ladezustände SOC_{Start}. Es zeigen sich deutlich erhöhte Verlustleistungen im „depleting" Modus gegenüber dem „sustaining" Modus im Falle der Basis-Kühlung.

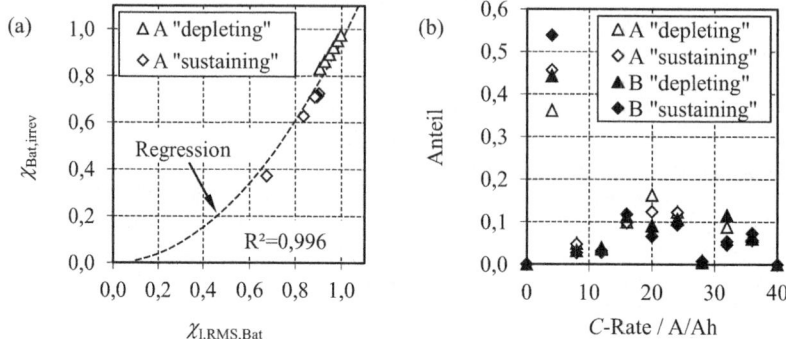

Bild 85: Vergleich der (a) relativen Verlustleistung $\chi_{Bat,irrev}$ auf „Rennstrecke A" in den Modi „sustaining" und „depleting" in Abhängigkeit des effektiven Batteriestroms und (b) Häufigkeitsverteilung der spezifischen Stromrate in den beiden Betriebsmodi („sustaining" bei SOC_{Start} = 50 %) auf beiden Strecken.

5.2.2 Einfluss von Start- / Umgebungstemperatur auf die Batterietemperatur

Im Folgenden werden die Untersuchungen am Beispiel des Rennstreckenprofils „Rennstrecke A" bei einem Startladezustand von SOC_{Start} = 90 % durchgeführt; der Zielladezustand beträgt 40 %. Dies stellt eine Kombination der beiden vorgestellten Betriebsvarianten dar, wodurch ein größerer Ladezustandsbereich als im erhaltenden Betrieb abgedeckt werden und nach den ersten Zyklen eine nahezu konstante Leistung abgegeben werden kann.

Die Starttemperatur beeinflusst den Verlauf der Verlustleistung aufgrund erhöhter Abwärmen bei abnehmenden Temperaturen. Ausgehend vom Referenzzustand bei ϑ_{Umg} = 30 °C, $\vartheta_{BMS,Soll}$ = 35 °C und ausgeschalteter Innenraumklimatisierung wird die Starttemperatur der Batterie in **Bild 86** von ϑ_{Start} = 30 °C auf ϑ_{Start} = 46 °C in 2 K Schritten erhöht. Die relative Maximaltemperatur und die Temperaturdifferenz werden über der Starttemperatur aufgetragen. Ferner wird der benötigte relative Strom zur Kühlung der Batterie über der Starttemperatur für beide Kühlungskonfigurationen aufgetragen.

Bei einer Starttemperatur von ϑ_{Start} = 46 °C beträgt die relative Temperaturerhöhung bis zu 90 % in der Basisvariante der Kühlung, bei ϑ_{Start} = 36 °C zeigt sich das Minimum des relativen Anstiegs in dieser Kühlungsvariante. Wird die Starttemperatur weiter abgesenkt, steigt die Temperaturdifferenz wieder an. Dieser Effekt ist durch erhöhte Abwärmen und eine niedrigere treibende Temperaturdifferenz zwischen Batterie und Kühlsystem bei sinkenden Starttemperaturen zu erklären. Der Strombedarf des Kühlsystems zeigt bei einer Starttemperatur von ϑ_{Start} = 38 °C ein Maximum von 2,3 % in Relation zum Effektivwert des gesamten Batteriestroms. Das mittlere Stromniveau über der Starttemperatur zeigt jedoch eine geringe Varianz. In der Maximalkühlungsvariante sinkt die Temperaturerhöhung kontinuierlich bis zu einem Minimum von 15 % bei 46 °C.

5.2 Thermisches Systemverhalten im Rennstreckenbetrieb

Aufgrund der uneingeschränkten Temperaturdifferenz zwischen Batterie und Kühlsystem steigt die Temperaturinhomogenität stark an, bei 46 °C beträgt diese 95 % des tolerierbaren Werts. Die erhöhte Kühlleistung zeigt einen deutlichen Anstieg des effektiven Stroms der Kühlung auf bis zu 3,5 % des gesamten Batteriestroms.

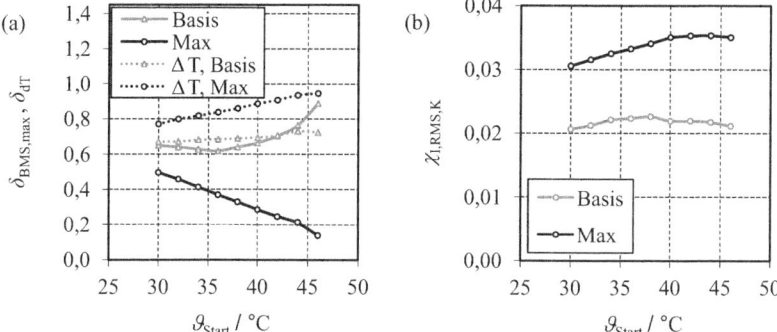

Bild 86: Vergleich der (a) relativen maximalen BMS Temperatur $\delta_{BMS,max}$ sowie relativen Temperaturdifferenz innerhalb der Batterie δ_{dT} und (b) des relativen Effektivstroms der Kühlung $\chi_{I,RMS,K}$ bei Variation der Starttemperatur ϑ_{Start} bei $\vartheta_{Umg} = 30$ °C in der Basiskühlungskonfiguration und Maximalkühlungsvariante. Lokales Maximum der Leistungsaufnahme bei $\vartheta_{Start} = 38$ °C aufgrund des NT Kühlerlüfters und lokales Minimum der relativen BMS Temperatursteigerung.

In Bezug auf das Alterungsverhalten der Batterie kann das Zusammenspiel aus Temperaturniveau und Temperaturinhomogenität nicht eindeutig bewertet werden. Eine Evaluierung des Gesamtsystems unter diesen Gesichtspunkten ist erst mit detaillierteren Informationen des Batterieherstellers möglich. Das gewählte Simulationsmodell kann jedoch diese Vorgaben in Bezug auf das thermische Systemverhalten und den Energiehaushalt bewerten.

Nachfolgend werden das Fahrzeug und die Batterie anhand der variierten Umgebungstemperatur konditioniert. Wenn die Umgebungstemperatur ansteigt, sinkt die Leistungsziffer der Kälteanlage und die benötigte Lüfterleistung zur Kompensation dieses Effekts steigt an. Steigt die Umgebungstemperatur über den Sollwert der Batterietemperatur, wird automatisch der Kältemittel-Plattenwärmeübertrager angefordert. Dieses Regelungsverhalten resultiert in einer schnelleren Reaktion des Kühlsystems sowie in einer leichten Absenkung der maximalen Batterietemperatur gegenüber dem vorherigen Ergebnis.

Bild 87 (a) stellt den Verlauf der Temperaturerhöhung bei Variation der Start- und Umgebungstemperatur dar. Bis $\vartheta_{Start} = 36$ °C zeigt sich ein über der Starttemperatur abfallender Verlauf der relativen Temperaturerhöhung $\delta_{BMS,max}$. Steigt die Umgebungstemperatur weiter, greift die Limitierung der Temperaturdifferenz zwischen Batterie und Kühlmittel und die Temperaturen steigen an. Im Maximum betragen diese 70 % bei $\vartheta_{Start} = 10$ °C und im Minimum 62 % bei $\vartheta_{Start} = 36$ °C des erlaubten Temperaturanstiegs, wenn eine minimale Kühlmitteltemperatur von 20 °C nicht unterschritten wird.

Eine deutliche Reduktion der Batterietemperatur kann erreicht werden, wenn die Kühlmitteltemperatur im Maximalkühlungszustand abgesenkt wird und zugleich die Begrenzung der maximalen Temperaturspreizung zwischen Kühlmittel und Batterie aufgehoben wird. Der maximale Temperaturanstieg sinkt auf $\delta_{BMS,max} = 30\ \%$, damit verbunden steigt jedoch die Temperaturdifferenz innerhalb der Batterie auf maximal $\delta_{dT} = 90\ \%$ im Maximalkühlungszustand an (vgl. **Bild 87 (b)**).

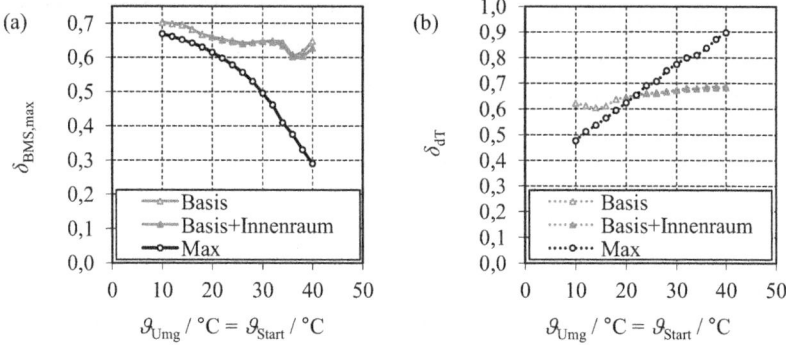

Bild 87: Vergleich der (a) relativen maximalen BMS Temperatur $\delta_{BMS,max}$ und (b) relativen Temperaturdifferenz innerhalb der Batterie δ_{dT} bei Variation der Starttemperatur ϑ_{Start} und der Umgebungstemperatur ϑ_{Umg}. Es ist eine deutliche Reduktion der relativen maximalen BMS Batterietemperatur bei Maximalkühlung möglich, wobei die Temperaturdifferenz innerhalb der Batterie stark ansteigt. Der Einfluss der Innenraumklimatisierung zeigt keinen Einfluss auf die Batterietemperaturen.

Keinen Einfluss auf die Batterietemperatur und Temperaturhomogenität hingegen zeigt die zusätzliche Klimatisierung des Innenraums. Wird keine Kühlleistung für die Batterie benötigt, kann diese dem Innenraum zur Verfügung gestellt werden. Im relativen Strombedarf des Kühlsystems wird der Einfluss der Klimatisierung auf die Basis-Kühlung deutlich (vgl. **Bild 88 (a)**).

Der Effektivwert des Stroms der Kühlungskomponenten beschreibt im Maximalkühlungszustand bis zu $\chi_{I,RMS,K} = 4{,}0\ \%$ des gesamten Stroms der Traktionsbatterie. Wird zusätzlich die Klimatisierung des Innenraums für die jeweilige Umgebungstemperatur bei konstanter Luftfeuchte berücksichtigt, bleibt der Anteil der notwendigen elektrischen Leistung mit $\chi_{I,RMS,K} = 3{,}3\ \%$ unter dem des Maximalkühlungszustands. Bereits in der Basiskonfiguration des Kühlsystems wird die Innenraumklimatisierung bei Bedarf reduziert. Bei einer Umgebungstemperatur von $\vartheta_{Umg} = 20\ °C$ kann der Innenraum zu 80 % der Zeit gekühlt werden, bei $\vartheta_{Umg} = 40\ °C$ reduziert sich dieser Anteil auf 47 % der Fahrzeit.

5.2 Thermisches Systemverhalten im Rennstreckenbetrieb

Bild 88 (b) vergleicht die zeitlich gemittelte Leistungsziffer ε_K der Kälteanlage im transienten geregelten Betrieb mit dem regressierten Verlauf aus den stationären Betrachtungen. Die gemittelten Betriebspunkte zeigen eine niedrigere Effizienz als die stationären Simulationen. Dieses Verhalten kann auf häufige Beschleunigungsvorgänge des Kompressors zurückgeführt werden. Außerdem muss der Verdichter mit einer Mindestdrehzahl von 800 1/min betrieben werden, was zu niedrigen isentropen Wirkungsgraden und Liefergraden führt.

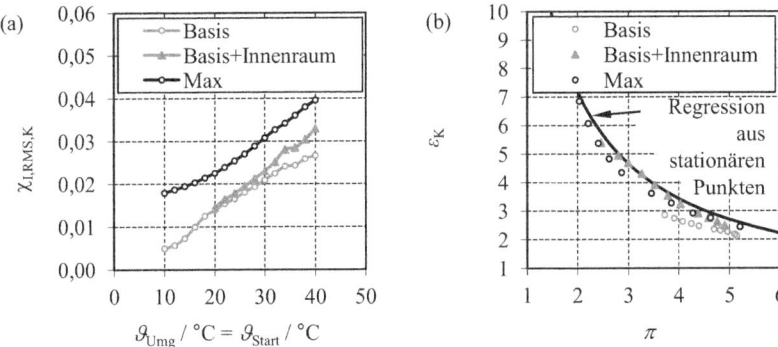

Bild 88: Vergleich des (a) relativen Effektivstroms der Kühlung $\chi_{I,RMS,K}$ bei Variation der Starttemperatur ϑ_{Start} und der Umgebungstemperatur ϑ_{Umg} und (b) der Leistungsziffer ε_K der Kälteanlage über dem Druckverhältnis π des Kompressors. Exponentieller Anstieg des relativen Effektivstroms des Kühlsystems über der Temperatur bei Maximalkühlung. Die aus stationären Betriebspunkten ermittelte Korrelation zwischen der Leistungsziffer ε_K und dem Druckverhältnis zeigt höhere Werte der Effizienz.

Auch die Zieltemperatur der Batterie stellt einen wichtigen Einflussfaktor für die Leistungsaufnahme und den Temperaturanstieg dar. Die Bilanzierung der benötigten Vorlauftemperatur basiert auf der Differenz der aktuellen Kühlmitteltemperatur und der Solltemperatur, niedrigere Solltemperaturen reduzieren somit die Kühlmitteleintrittstemperaturen indirekt. Da die Temperaturdifferenz zwischen Batterie und Kühlmittel in der Basis-Konfiguration des Kühlsystems limitiert ist, wird zusätzlich erneut die Maximalkühlungsvariante betrachtet. Die Solltemperatur der Batterie wird von $\vartheta_{BMS,Soll} = 35$ °C schrittweise auf $\vartheta_{BMS,Soll} = 20$ °C reduziert und es werden die resultierende Temperaturerhöhung $\delta_{BMS,max}$ und der relative Strombedarf $\chi_{I,RMS,K}$ dargestellt (siehe **Bild 89**). Die Umgebungstemperatur sowie die Starttemperatur liegen in diesen Fällen konstant bei $\vartheta_{Umg} = \vartheta_{Start} = 30$ °C.

Nach **Bild 89 (a)** sinkt die maximale Temperaturerhöhung bei Reduktion der Solltemperatur auf 55 % des maximal zulässigen Wertes ab. Ab einer Solltemperatur von $\vartheta_{BMS,Soll} = 28$ °C zeigt sich keine weitere Beeinflussung der Temperaturerhöhung in der Basiskonfiguration des Kühlsystems, da die minimale Kühlmitteltemperatur keine weitere Absenkung zulässt. Wird der Maximalkühlungsfall gewählt, sinkt die Temperaturerhöhung auf 30 % des tolerierten Wertes. Die Temperaturdifferenz innerhalb der Batterie wird durch die Absenkung der Solltemperatur im Maximalkühlungsfall negativ beeinflusst. So steigt diese auf bis zu 90 % an, während in der Basiskühlungsvariante ein Wert von $\delta_{dT} = 70\%$ nicht überschritten wird und über den gesamten Bereich konstant gehalten werden kann. Die Leistungsaufnahme des Kühlsystems wird zwischen einer Solltemperatur von $\vartheta_{BMS,Soll} = 30\ °C$ und 33 °C durch den Lüfter des NT-Kühlers negativ beeinflusst (vgl. **Bild 89 (b)**). Sinkt die Solltemperatur weiter, wird der NT-Kühlerbetrieb umgangen, um eine Erwärmung des Fluids zu vermeiden und die Lüfterleistung am NT-Kühler zu minimieren. In der Basisvariante der Kühlung zeigt sich im Mittel ein Anteil von $\chi_{I,RMS,K} = 2{,}5\ \%$ am Batteriestrom, im Maximalkühlungsfall steigt dieser Anteil auf bis zu $\chi_{I,RMS,K} = 3{,}7\ \%$ an.

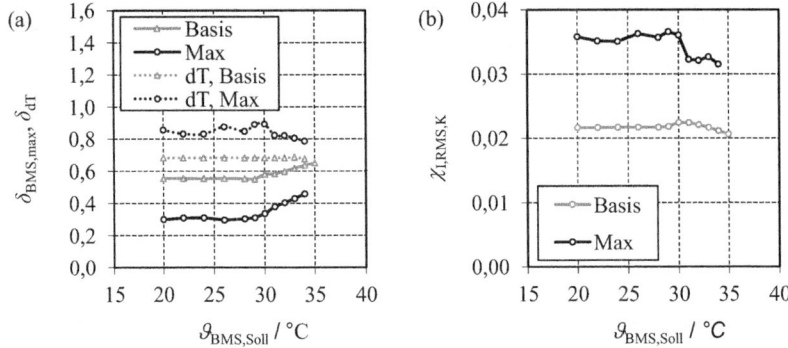

Bild 89: Vergleich der (a) relativen maximalen BMS Temperatur $\delta_{BMS,max}$ und Temperaturdifferenz δ_{dT} sowie (b) des relativen Effektivstroms der Kühlung $\chi_{I,RMS,K}$ bei Variation der Solltemperatur $\vartheta_{BMS,Soll}$ bei $\vartheta_{Umg} = 30\ °C$. Ein lokales Maximum der Leistungsaufnahme stellt sich bei $\vartheta_{BMS,Soll} = 30\ °C$ aufgrund des NT Kühlerlüfters ein.

Im Zuge des Rennstreckenbetriebs treten hohe Ströme und Ladezustandsvariationen in Kombination mit hohen Batterietemperaturen auf. Jede einzelne dieser Größen beeinflusst die Alterung eines Batteriesystems nachteilig, wobei nur die Temperatur aktiv beeinflusst werden kann. Durch Änderungen an der thermischen Betriebsstrategie müssen die elektrische Leistungsaufnahme und die thermische Homogenität untersucht werden.

5.2.3 Einfluss der thermischen Kontaktierung des Batteriesystems

Das vorgestellte Batteriemodell erlaubt die gezielte Variation einzelner Modellparameter. Einen wichtigen Faktor zur Steigerung der thermischen Leistungsfähigkeit des Batteriesystems stellt die thermische Kontaktierung der Batterie an die Kühlplatten dar. Die Wärmeübertragung dieses Bereichs beeinflusst den gesamten Wärmeübergang besonders stark, da meist elektrisch isolierende Werkstoffe eingesetzt werden müssen.

5.2 Thermisches Systemverhalten im Rennstreckenbetrieb

Ausgehend von einem Referenzwert kA_{Ref} des Wärmeübergangs wird der relative Koeffizient

$$\chi_{kA} = \frac{kA}{kA_{Ref}} \qquad (5\text{-}12)$$

zwischen dem Faktor 0,5 und 1,5 variiert. Beeinflusst wird der Wärmeübergang der Kontaktierung durch den Anpressdruck, das verwendete Kontaktmaterial und die Oberflächengüte, somit spannt sich ein weiter Bereich an Werten auf. Die Verläufe der relativen Temperaturen sind in **Bild 90 (a)** dargestellt. Für die Temperaturspreizung und den Temperaturanstieg zeigt sich bei Erhöhung des relativen Wärmeübergangskoeffizienten ein gegenläufiger Verlauf. Die Temperatursteigerung nimmt von $\delta_{BMS,max}$ = 77 % auf 60 % ab, gleichzeitig steigt die Temperaturdifferenz von δ_{dT} = 51 % auf 73 %.

Der relative Strombedarf ist **Bild 90 (b)** zu entnehmen. Bei einer Änderung des Wärmeübergangskoeffizienten von 50 % auf 150 % steigt der Strombedarf von $\chi_{I,RMS,K}$ = 1,8 % auf 2,2 % leicht an. Die Verbesserung des thermischen Kontaktwärmeübergangs an die Kühlplatte stellt daher eine effiziente Lösung zur Steigerung der Kühlleistungsfähigkeit dar, da die Leistung nur geringfügig ansteigt.

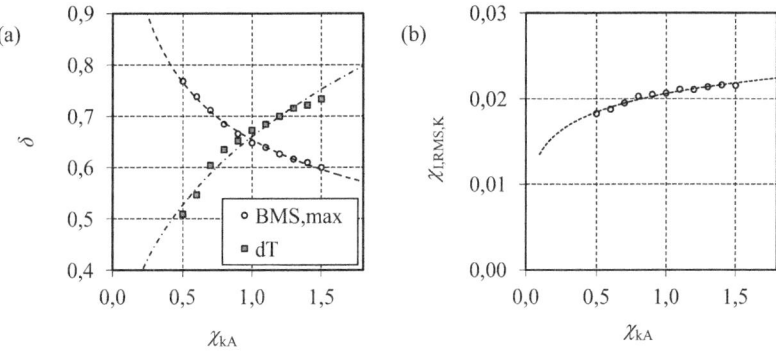

Bild 90: Vergleich der (a) relativen maximalen BMS Temperatur $\delta_{BMS,max}$ und der relativen Temperaturdifferenz δ_{dT} innerhalb der Batterie; (b) des relativen Effektivstroms der Kühlung $\chi_{I,RMS,K}$ bei Variation des relativen Wärmeübergangskoeffizienten χ_{kA} zwischen Kühlplatte und Zellen. Zunahme der Temperaturinhomogenität und Abnahme des Temperaturanstiegs bei Steigerung des Wärmeübergangs in der Basiskühlungsvariante.

5.2.4 Vergleich unterschiedlicher Regelungsstrategien

Bei den bisherigen Betrachtungen wurde eine einheitliche Regelungsstrategie untersucht. Der gewählte Regelungsansatz sieht Mindestwartezeiten in den einzelnen Thermomanagement-Zuständen „TMM01" bis „TMM08" vor. Durch die Aufenthaltsdauer in den jeweiligen Betriebszuständen wird verhindert, dass die Zustände rasch aufeinanderfolgend geändert werden und damit die Leistungsaufnahme und der Temperaturverlauf negativ beeinflusst werden. Die Wartezeit in den Zuständen wird in **Bild 91** von $\Delta t_{TMM+}/\Delta t_{TMM-} = 5$ s bis 30 s variiert und der Temperaturanstieg bzw. die Stromaufnahme wird über der Wartezeit aufgetragen.

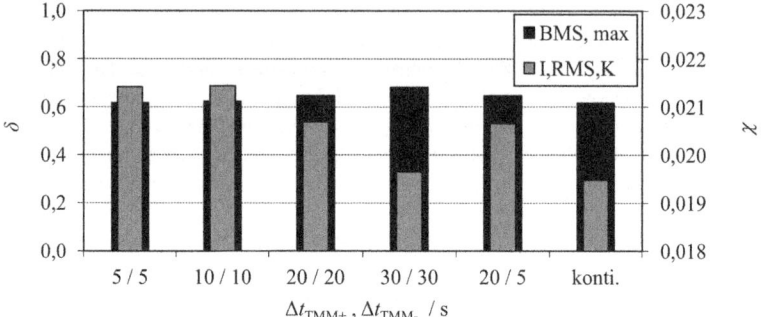

Bild 91: Vergleich der relativen Stromaufnahme des Kühlsystems $\chi_{I,RMS,K}$ und der relativen maximalen BMS Temperatur $\delta_{BMS,max}$ bei Variation der Regelungsstrategie des Batteriekühlungssystems durch Variation der Wartezeiten in den Thermomanagement-Zuständen. Längere Verweilphasen innerhalb der Thermomanagement-Zustände für Zustandserhöhung Δt_{TMM+} und -reduktion Δt_{TMM-} führen zu steigenden Temperaturerhöhungen und sinkender Leistungsaufnahme. Bei einer kontinuierlichen Regelung werden der Temperaturanstieg sowie die Leistungsaufnahme minimiert.

Zusätzlich werden eine kontinuierliche Kühlung und eine gestufte Variante mit unterschiedlicher Wartezeit für auf- und absteigende Zustände bewertet. Bei der kontinuierlichen Kühlung wird der Kühlungszustand nur verlassen, wenn der Kältekreislauf die geforderte Kühlmitteltemperatur nicht einhalten kann und die Temperaturen zu weit absinken würden.

Die relative Temperaturerhöhung steigt bei länger werdenden Wartephasen von 61 % auf 68 % an. In Kombination mit der relativen Leistungsaufnahme zeigt sich, dass die kontinuierliche Kühlung der Batterie die effizienteste Kühlungsstrategie darstellt. In diesem Zustand kann jedoch die Innenraumklimatisierung nicht dargestellt werden, weshalb die Variante mit unterschiedlichen Haltezeiten bevorzugt wird. In dieser Variante kann die Temperaturerhöhung auf 65 % begrenzt und der relative Strombedarf auf 2,1 % limitiert werden.

Der Verlauf des Kühlungszustands ist in **Bild 92** dargestellt. Der Vergleich der drei Wartezeiten 5 s, 20 s und 30 s zeigt die verzögerte Anlaufphase je länger die Haltedauer ist. Zur Regelung der Kühlmitteltemperatur wird im weiteren Verlauf zwischen den Kühlungszuständen „TMM06" und „TMM07" gewechselt. Der Zustand „TMM08" wird erst in der Maximalkühlungsvariante freigegeben.

5.2 Thermisches Systemverhalten im Rennstreckenbetrieb

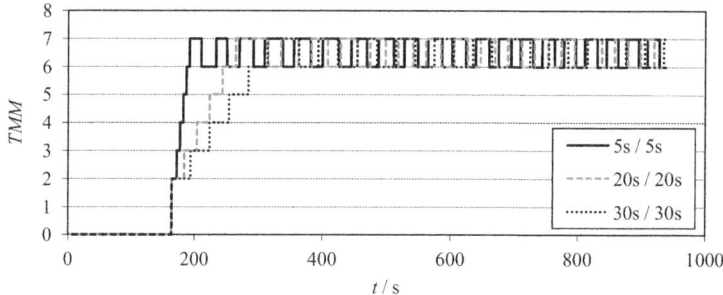

Bild 92: Verlauf der Thermomanagement-Zustände für die Verweildauern $\Delta t_{TMM^+} = \Delta t_{TMM^-} = 5$ s; 20 s und 30 s. Höhere Verweildauern führen zu längeren Kühlungsperioden und zu verzögerter Reaktion auf den Temperaturanstieg.

5.2.5 Thermische Interaktion mit dem Motorkühlsystem

Durch die Regelung der Batterietemperatur über den NT-Kühler und die Kälteanlage interagiert das Batteriesystem indirekt mit den restlichen Kühlsystemen des Fahrzeugs. In Abhängigkeit der Positionierung der Kühler im Luftpfad ist es möglich, dass Kondensatoren und NT-Kühler die gesamte Netzfläche von Hochtemperatur-Kühlern oder Ölkühlern bedecken. Es ist daher notwendig, die abgeführten Wärmeströme zu bilanzieren und Zusammenhänge mit dem Fahrzeugbetriebszustand herzuleiten. Eine weitere Interaktion stellt die direkte Wechselwirkung der Betriebsstrategie des Batteriesystems mit dem Fahrzeug dar. Wenn nicht die volle Energiemenge der Batterie umgesetzt werden soll, sinken die Geschwindigkeiten besonders in den Hochgeschwindigkeitsbereichen der Strecke durch die niedrigeren Entladeströme. Zwischen der verfügbaren Kühlleistung und der Fahrgeschwindigkeit besteht ein Zusammenhang durch das Wärmeübergangsverhalten der Wärmeübertrager und deren Abhängigkeit vom Luftdurchsatz. Der NT-Kühler zeigt daher eine starke Wechselwirkung mit dem Luftdurchsatz.

Im Kältekreislauf wird die Kühlleistung durch die Regelung der Kompressordrehzahl über einen weiten Betriebsbereich eingestellt. Bei sinkendem Luftdurchsatz und dem resultierenden gestiegenen Druckverhältnis sinkt die Effizienz der Kälteanlage, wodurch der abzuführende Wärmestrom bei niedrigen Geschwindigkeiten ansteigt. Dieser Wärmestrom wirkt demnach bei langsamen Streckenabschnitten zusätzlich belastend auf die Motorkühlung, da sie in diesen Betriebspunkten eine geringe Leistungsfähigkeit aufweist.

Die Simulation des Batteriekühlungssystems ist notwendig, um die Wechselwirkung zwischen den genannten Komponenten transient erfassen zu können. Bei einer Variation der Umgebungstemperatur zeigt sich ein steiler Gradient der Kondensatorwärmeströme über der Umgebungstemperatur. Dieser Wärmestrom sorgt für eine Reduktion der Eintrittstemperaturdifferenz zwischen Kühlmittel und Luft an dem dahinter liegenden Motorkühler. Für die weiteren Bewertungen wird von einer Eintrittstemperaturdifferenz

$$ETD_{Ref} = \vartheta_{KW,Mot} - \vartheta_{Umg} \tag{5-13}$$

am Motorkühler bei $\vartheta_{Umg} = 30\,°C$ und $\vartheta_{KW,Mot} = 120\,°C$ Kühlmitteltemperatur ausgegangen. Die reale Eintrittstemperaturdifferenz am Motorkühler

$$ETD = \vartheta_{KW,Mot} - \vartheta_{LnKMKO} \tag{5-14}$$

berechnet sich dagegen mit der luftseitigen Austrittstemperatur an den Kondensatoren ϑ_{LnKMKO}. Aufgrund der höheren Leistung des rechten Kondensators wird nachfolgend nur dieser betrachtet. Die relative Eintrittstemperaturdifferenz am Motorkühler

$$\chi_{ETD,rechts} = \frac{ETD_{rechts}}{ETD_{Ref}} \tag{5-15}$$

berechnet sich aus den gezeigten Definitionen.

Bild 93 zeigt die relative Eintrittstemperaturdifferenz aufgetragen über der Umgebungstemperatur in einem Bereich zwischen $\vartheta_{Umg} = 20\,°C$ und $40\,°C$.

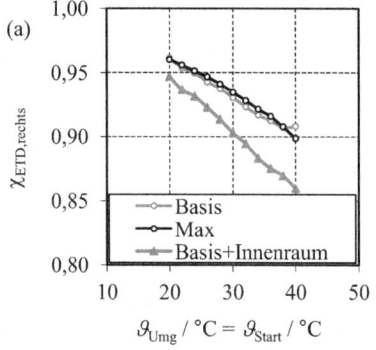
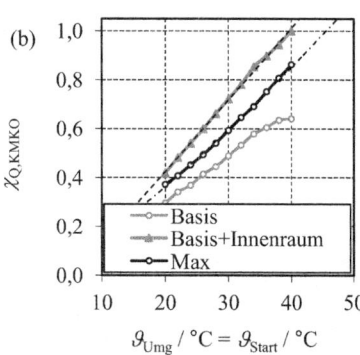

Bild 93: Vergleich der (a) relativen Eintrittstemperaturdifferenz $\chi_{ETD,rechts}$ am rechten Kühlmittelkühler und (b) des relativen luftseitigen Wärmestroms der Kondensatoren $\chi_{Q,KMKO}$ bei Variation der Umgebungstemperatur und Starttemperatur. Linearer Anstieg der Wärmeströme beider Kondensatoren über der Temperatur um 60 % zwischen $\vartheta_{Umg} = 20\,°C$ und $40\,°C$; damit verbundene Reduktion der Eintrittstemperaturdifferenz am Kühlmittelkühler um bis zu 15 % gegenüber dem Betrieb ohne Kondensatorwärme.

Die relative Eintrittstemperaturdifferenz sinkt von 96 % auf 90 % ohne Innenraumklimatisierung. Sobald der Innenraum zusätzlich betrachtet wird, sinkt die Eintrittstemperaturdifferenz auf 86 % der ungestörten Anströmung. Wenn von einer gleichbleibenden Motorabwärme in allen gezeigten Zuständen ausgegangen wird, muss die Kühlmitteltemperatur zur Kompensation der gestiegenen Lufteintrittstemperatur ansteigen. Dieser Anstieg muss bei der Dimensionierung der Motorkühlung berücksichtigt werden. In den luftseitigen Wärmeströmen wird dieser Zusammenhang noch deutlicher. Bei einer Umgebungstemperatur von $\vartheta_{Umg} = 20\,°C$ wird mit Innenraumklimatisierung nur 40 % des Wärmestroms bei $\vartheta_{Umg} = 40\,°C$ luftseitig in den Luftpfad abgeführt. Der lineare Anstieg der Wärmeströme zeigt für die berechneten Varianten unterschiedliche Steigungen. In der Basiskühlungsvariante ergibt sich ab $\vartheta_{Umg} = 36\,°C$ ein reduzierter Gradient der Wärmeströme aufgrund der vom Batteriemanagementsystem begrenzten Temperaturdifferenz zwischen Kühlmittel und Batterie.

5.2.6 Zusammenfassung und Bewertung

Im Rennstreckenbetrieb gilt es, sowohl die Temperaturhomogenität als auch die maximale Batterietemperatur zu begrenzen. Die thermische Last ist bei diesen Fahrprofilen aufgrund des quadratischen Zusammenhangs zwischen Verlustleistung und effektivem Mittelwert des Stroms deutlich erhöht gegenüber den gesetzlichen Zyklen. Die Betriebsart des Batteriesystems hat einen hohen Einfluss auf das Leistungsverhalten der Kühlung und besonders das Spannungsniveau der Batterie. So werden im erhaltenden Betrieb des Ladezustands konstante Spannungen und elektrische Leistungen abgerufen, wohingegen im entladenden Betrieb große Differenzen zwischen abgegebener und aufgenommener Ladung auftreten, die zu höheren Verlustleistungen führen. Für die Einordnung eines Fahrprofils sind die Analyse des Effektivwerts des Stroms sowie die zeitliche Verteilung der Stromraten ausschlaggebend.

Zur Bewertung der Batterietemperatur werden der relative maximale Temperaturanstieg $\delta_{BMS,max}$ (siehe S. 108) und die relative Temperaturdifferenz δ_{dT} (siehe S. 108) ausgewertet. Die maximale Temperaturerhöhung und Temperaturdifferenz zeigen auch in diesen Betriebspunkten einen positiven Einfluss der Basiskühlungsvariante, die diese Werte auf 60 % bis 70 % des Grenzwerts begrenzt.

Der Sollwert der Batterietemperatur zeigt einen geringen Einfluss auf den Energiebedarf des Kühlsystems und die Temperaturhomogenität. Wird die Batterie maximal gekühlt, steigt der Anteil des Stroms auf 3,2 % bis 3,7 % an, wogegen im Basiskühlungsfall 2,1 % bis 2,3 % benötigt werden, wenn der Sollwert zwischen 10 °C und 35 °C variiert wird. Die Homogenität der Batterietemperatur zeigt für beide Kühlungsvarianten einen nahezu konstanten Verlauf, die Maximalkühlung ergibt jedoch eine niedrigere maximale Temperaturerhöhung von 31 % gegenüber 58 % in der Basisvariante.

Die thermische Kontaktierung der Zellen an die Kühlplatte zeigt ein lokales Optimum für die Temperaturspreizung und Temperaturerhöhung. Wird die thermische Kontaktierung zwischen 50 % und 150 % variiert, sinkt die Temperaturerhöhung von 80 % auf 60 % des Grenzwerts ab, dagegen steigt die Spreizung von 50 % auf 75 % des Grenzwerts an. Der Strombedarf steigt nur geringfügig von 1,9 % auf 2,2 % des Batteriestroms an. Die Anbindung der Zellen stellt sich erwartungsgemäß als wichtige Stellgröße für die thermische Leistungsfähigkeit der Batterie heraus.

Die Regelung des Batteriekühlungssystems wurde durch eine Variation der minimalen Verbleibzeiten in den Kühlungszuständen sowie eine kontinuierliche Regelung in einem Zustand verglichen. Die Aufenthaltsdauer in einem Kühlungszustand zeigt einen deutlichen Einfluss auf die Leistungsaufnahme und die maximale Batterietemperatur. So sinkt der Leistungsbedarf bei länger werdenden Zeitanteilen um bis zu 2 Prozentpunkte, die Temperaturerhöhung steigt gleichzeitig um maximal 6 Prozentpunkte. Die kontinuierliche Regelung des Kühlsystems in einem Kühlungszustand durch den Kompressor resultiert in einem Optimum aus Batterietemperatur und Leistungsaufnahme. Auch eine asymmetrische Aufenthaltsdauer für ansteigenden und absteigenden Kühlungszustand kann dies nicht unterbieten.

Schließlich wurde die Interaktion des Batteriekühlsystems mit dem Motorkühlsystem untersucht. Ausschlaggebend für die Leistungsfähigkeit eines Kühlers ist unter anderem die Eintrittstemperaturdifferenz zwischen innerem und äußerem Medium. Werden die Umgebungs- und Starttemperatur variiert, zeigt sich eine Reduktion der relativen effektiven Eintrittstemperaturdifferenz von 96 % bei $\vartheta_{Umg} = 20\ °C$ auf 90 % bei $\vartheta_{Umg} = 40\ °C$. Bei zusätzlicher Innenraumkühlung sinkt dieser Wert auf 86 % bei $\vartheta_{Umg} = 40\ °C$ und maximaler Lüfterdrehzahl. Die relativen Abwärmen in den Luftpfad vor den Hochtemperaturkühlern steigen in einem Temperaturbereich von 20 °C bis 40 °C um den Faktor 2,5 an. Diese Effekte müssen bei der Bewertung der Motorbetriebspunkte berücksichtigt werden. Hier spielen die Anordnungen der einzelnen Wärmeübertrager im Luftpfad des Fahrzeugs eine entscheidende Rolle.

Der Rennstreckenbetrieb zeigt besonders für Hochleistungshybride eine hohe Anforderung hinsichtlich der bidirektionalen Abbildung der thermischen und elektrischen Effekte im Fahrzeug. Das Batteriekühlsystem kann nicht als alleinstehendes System betrachtet werden, da insbesondere die Interaktion mit den im Luftpfad integrierten Kühlern eine abzubildende Wechselwirkung darstellt. Die Beeinflussung der Batterietemperatur und der Effizienz durch Umgebungseinflüsse macht die detaillierte Begleitung von Versuchsträgern notwendig, da bei abweichenden Randbedingungen vom Referenzzustand eine einfache rechnerische Überleitung nicht möglich ist. Erschwerend kommt das Regelungsverhalten des Batteriemanagementsystems hinzu, das die Kühlungszustände in Abhängigkeit des aktuellen Batteriezustands regelt. Eine Optimierung dieses Systems ist demnach nur unter genauer Kenntnis des Gesamtfahrzeugs und des Kühlsystems möglich, wodurch eine simulative Applikation realisierbar wird.

6 Schlussfolgerungen und Ausblick

Anhand der vorgestellten thermo-elektrischen Wechselwirkungen des Antriebsstrangs mit dem Gesamtfahrzeug-Thermomanagementsystem wurde die große Bedeutung dieser Effekte bei der Auslegung eines Batteriekühlsystems illustriert. Zur Lösung des Zielkonflikts aus elektrischer Reichweite und optimaler Temperierung des Batteriesystems kommen in der frühen Phase der Kraftfahrzeug Entwicklung Simulationsmodelle zum Einsatz. Diese Simulationsmodelle sollten alle relevanten Informationen über eine Kopplung austauschen, um somit aus Gesamtfahrzeugsicht die optimale Kühlungsstrategie sowie das am besten geeignete Kühlsystem abzuleiten.

Die in dieser Arbeit verwendeten Simulationsmodelle basieren hauptsächlich auf Technologiedaten der Einzelkomponenten. Diese Technologiedaten können aus Komponentensimulationen oder Komponentenmessungen abgeleitet werden, wobei besonders die thermoelektrische Charakterisierung der Zellen aktuell noch experimentell erfolgen muss. Angesichts der Reduktion von Prototypen in der Kraftfahrzeugentwicklung steigt die Relevanz der Komponentenuntersuchung. Das Batteriesystem ist in diesem Kontext als Baugruppe aus mehreren Komponenten zu sehen, die im laufenden Entwicklungsprozess möglicherweise großen Änderungen unterliegt und somit Hardware-prototypisch erst spät zur Verfügung steht.

Insbesondere die 3D elektro-thermische Simulation von Batteriemodulen und Batteriesystemen kann hier zu einer Reduktion von Hardware-Schleifen und Versuchen beitragen. Durch die direkte Lösung der elektrischen und thermischen Interaktionen in einem Modell werden Optimierungsmöglichkeiten schnell deutlich. Darüber hinaus kann dieses Vorgehen gewählt werden, um Modelle auf Systemebene zu kalibrieren und mit Eingangsdaten zu versorgen. Untersuchungen zu diesen Modellen werden derzeit durchgeführt. Den nächsten Schritt stellen physiko-chemische Zellsimulationsmodelle dar, die die elektrischen Zelleigenschaften direkt berechnen. Besonders für großformatige Zellen Batterie-elektrischer Fahrzeuge steht diese Methodik jedoch noch vor Herausforderungen.

Abschließend stellt sich zudem die Frage, wie tief ein OEM die Entwicklung der Batterie und Einzelzelle als Komponente begleiten muss. Bei der Aufteilung der zukünftigen Entwicklungsarbeit zwischen Zulieferer und OEM ist zum heutigen Stand kein eindeutiger Trend erkennbar. Besonders in Batterie-elektrischen Fahrzeugen stellt die Batterie die zentrale Komponente dar, die eng mit dem Gesamtfahrzeug in allen Bereich (Package-, Gewichts-, Crash-, Funktions- und Kostenanforderungen) interagiert. Es wird sich zeigen, ob die Batterie unabhängiger vom Zulieferer betrachtet werden muss, um dadurch schließlich die optimale Lösung für das jeweilige Fahrzeug zu finden.

Literaturverzeichnis

[1] Aguilar, J.: Untersuchungen zu thermostatischen Expansionsventilen. Dissertation, Technische Universität Carolo-Wilhelmina zu Braunschweig. Fakultät für Maschinenbau, 2008.

[2] Aguilar, J., Tegethoff, W., Tischendorf, C.: Wege zur Modellierung von thermostatischen Expansionsventilen. In: KI Luft- und Kältetechnik 42 (1/2), S. 16–21, 2006.

[3] Amine, K., Liu, J., Belharouak, I.: High-temperature storage and cycling of C-LiFePO4/graphite Li-ion cells. In: Electrochemistry Communications 7 (7), S. 669–673, 2005. DOI: 10.1016/j.elecom.2005.04.018.

[4] André, M.: The ARTEMIS European driving cycles for measuring car pollutant emissions. In: Science of the Total Environment 334–335, S. 73–84, 2004. DOI: 10.1016/j.scitotenv.2004.04.070.

[5] Andrea, D.: Battery management systems for large lithium-ion battery packs. Artech House, Boston, 2010. ISBN 978-1-60807-104-3.

[6] Arora, P., Doyle, M., White, R. E.: Mathematical Modeling of the Lithium Deposition Overcharge Reaction in Lithium-Ion Batteries Using Carbon-Based Negative Electrodes. In: J. Electrochem. Soc. 146 (10), S. 3543–3553, 1999. DOI: 10.1149/1.1392512.

[7] Austin, K., Botte, V.: An Integrated Air Conditioning (AC) Circuit and Cooling Circuit Simulation Model. SAE Paper #2001-01-1691, Detroit, 2001.

[8] Automotive Simulation Center Stuttgart (asc (s): Entwicklung und Validierung eines thermischen Simulationsmodells einer Li-Ionen-Batterie von Hybrid- und Elektrofahrzeugen, https://www.asc-s.de/projekte/batterieentwicklung, 2010 (16.08.2015).

[9] Baehr, H. D., Kabelac, S.: Thermodynamik. 15. Auflage. Springer Vieweg, Berlin, Heidelberg, New York, 2012. ISBN 978-3-540-32513-0.

[10] Bandhauer, T. M., Garimella, S., Fuller, T. F.: A Critical Review of Thermal Issues in Lithium-Ion Batteries. In: J. Electrochem. Soc. 158 (3), S. R1-R25, 2011. DOI: 10.1149/1.3515880.

[11] Barlow, T. J., Latham, S., McCrae, I. S., Boulter, P. G.: A reference book of driving cycles for use in the measurement of road vehicle emissions, Vol. 1, 2009. ISBN 1846089247.

[12] Beetz, K., Kohle, U., Eberspach, G.: Beheizungskonzepte für Fahrzeuge mit alternativen Antrieben. In: ATZ 112 (4), S. 246–249, 2010.

[13] Behr GmbH & Co. KG: Thermomanagement bei Hybridfahrzeugen. In: Technischer Pressetag, 2009.

[14] Benger, R., Wenzl, H., Beek, H. P.: Electrochemical and thermal modeling of lithium-ion cells for use in HEV or EV application. In: World Electric Vehicle Journal 3, S. 1–10, 2009.

[15] Berdichevsky, G., Kelty, K., Straubel, J. B., Toomre, E.: The tesla roadster battery system. In: Tesla Motors Inc, 2006.

[16] Bernardi, D., Pawlikowski, E., Newman, J.: A general energy balance for battery systems. In: J. Electrochem. Soc. 132 (1), S. 5–12, 1985.

[17] Bharathan, D., Pesaran, A., Vlahinos, A., Kim, G.-H.: Improving battery design with electro-thermal modeling. NREL Conference Paper NREL/CP-540-37652, Golden, 2005.

[18] Böhm, A., Melbert, J.: Modeling of automotive batteries for high transient and amplitude dynamics. SAE Paper #2004-01-3038, Detroit, 2004.

[19] Chen, S., Wan, C., Wang, Y.: Thermal analysis of lithium-ion batteries. In: Journal of Power Sources 140 (1), S. 111–124, 2005. DOI: 10.1016/j.jpowsour.2004.05.064.

[20] Chen, S.-C., Wang, Y.-Y., Wan, C.-C.: Thermal Analysis of Spirally Wound Lithium Batteries. In: J. Electrochem. Soc. 153 (4), S. A637-A648, 2006. DOI: 10.1149/1.2168051.

[21] Damblanc, G., Hartridge, S., Imachi, K., Spotnitz, R.: Validation of a new simulation tool for the analysis of electrochemical and thermal performance of lithium ion batteries. SAE Paper #2011-39-7268, Detroit, 2011.

[22] Demuynck, J. et al.: Recommendations for the new WLTP cycle based on an analysis of vehicle emission measurements on NEDC and CADC. In: Special Section: Fuel Poverty Comes of Age: Commemorating 21 Years of Research and Policy 49 (0), S. 234–242, 2012. DOI: 10.1016/j.enpol.2012.05.081.

[23] Deutsches Institut für Normung e. V.: Elektrische Straßenfahrzeuge – Batteriesysteme – Abmessungen für Lithium-Ionen-Zellen DIN SPEC 91252, Berlin, 2011.

[24] Dong, T. K. et al.: Dynamic Modeling of Li-Ion Batteries Using an Equivalent Electrical Circuit. In: J. Electrochem. Soc. 158 (3), S. A326-A336, 2011. DOI: 10.1149/1.3543710.

[25] Doyle, C. M.: Design and simulation of lithium rechargeable batteries. Dissertation, University of California at Berkeley, 1995.

[26] Dr. Ing. h.c. F. Porsche AG: Versuchsbericht - Komponentenvermessung eines elektrischen Kältemittelkompressors. Persönliche Notiz, Stuttgart, 2010.

[27] Dr. Ing. h.c. F. Porsche AG: Druckmesstechnik: Messtoleranz der Messstrecke. Persönliche Notiz, Weissach, 2012.

[28] Dr. Ing. h.c. F. Porsche AG: Versuchsbericht - Kühlkreislaufuntersuchungen im NT/MT System eines Plug-In Hybrids. Persönliche Notiz, Stuttgart, 2012.

[29] Dr. Ing. h.c. F. Porsche AG: Computertomographie-Schnitte einer prismatischen VDA HEV Zelle. Persönliche Notiz, 2013.

[30] Dr. Ing. h.c. F. Porsche AG: Porsche Cayenne S Hybrid, http://www.porsche.com/germany/models/cayenne/cayenne-s-hybrid/, 2013 (18.06.2013).

[31] Dr. Ing. h.c. F. Porsche AG: Porsche Panamera S E-Hybrid, http://www.porsche.com/germany/models/panamera/panamera-s-e-hybrid/, 2013 (18.06.2013).

[32] Dr. Ing. h.c. F. Porsche AG: Rocket. Science. Der 918 Spyder. Stuttgart, http://www.porsche.com/microsite/918/germany.aspx, 2013 (11.09.2013).

[33] Dubarry, M., Vuillaume, N., Liaw, B. Y.: From single cell model to battery pack simulation for Li-ion batteries. In: Journal of Power Sources 186 (2), S. 500–507, 2009. DOI: 10.1016/j.jpowsour.2008.10.051.

[34] Ecker, M., Sauer, U.: Die Elektrifizierung des Antriebsstrangs - 8. Batterietechnik Lithium-Ionen-Batterien. In: MTZ 74 (1), S. 66–70, 2013.

[35] Eichlseder, W., Hager, J., Raup, M., Dietz, S.: Auslegung von Kühlsystemen mittels Simulationsrechnung. In: ATZ 99 (10), S. 638–647, 1997.

[36] Eichlseder, W., Raab, G., Hager, J., Raup, M.: Use of Simulation Tools with Integrated Coolant Flow Analysis for the Cooling System Design. SAE Paper #971815, Detroit, 1997.

[37] Engineering Center Steyr: KULI Flyer, http://www.kuli.at/Flyer.4342.0.html, 2013 (03.07.2013).

[38] EPA, U. S.: Dynamometer Drive Schedules | Testing & Measuring Emissions | US EPA, http://www.epa.gov/orcdizux/emisslab/testing/dynamometer.htm, 2013 (02.07.2013).

[39] Europäisches Parlament und Rat: Verordnung (EG) Nr. 443/2009, 2009.

[40] Fellberg, E. M.: Untersuchung von Lithium-Ionen-Zellen und deren Alterungseffekten: Charakterisierung und Bewertung von Materialkomponenten für Lithium-Ionen-Zellen basierend auf Benchmark- und Alterungstests mit besonderen Fokus auf die Inaktivmaterialien Binder und Separatoren. Dissertation, Universität Münster, 2012.

[41] Ferrari: LaFerrari – Offizielle Webseite, http://www.laferrari.com/, 2013 (03.07.2013).

[42] Fleckenstein, M., Bohlen, O., Roscher, M. A., Bäker, B.: Current density and state of charge inhomogeneities in Li-ion battery cells with LiFePO4 as cathode material due to temperature gradients. In: Journal of Power Sources 196 (10), S. 4769–4778, 2011. DOI: 10.1016/j.jpowsour.2011.01.043.

[43] Gao, L., Liu, S., Dougal, R. A.: Dynamic lithium-ion battery model for system simulation. In: Components and Packaging Technologies, IEEE Transactions on 25 (3), S. 495–505, 2002.

[44] Gibbard, H. F.: Thermal Properties of Battery Systems. In: J. Electrochem. Soc. 125 (3), S. 353–358, 1978. DOI: 10.1149/1.2131448.

[45] Gomez, J. et al.: Equivalent circuit model parameters of a high-power Li-ion battery: Thermal and state of charge effects. In: Journal of Power Sources 196 (10), S. 4826–4831, 2011. DOI: 10.1016/j.jpowsour.2010.12.107.

[46] Grossmann, H.: Pkw-Klimatisierung. Springer, Heidelberg, 2010. ISBN 978-3-642-05495-2.

[47] Gu, W. B., Wang, C. Y.: Thermal-Electrochemical Modeling of Battery Systems. In: J. Electrochem. Soc. 147 (8), S. 2910–2922, 2000. DOI: 10.1149/1.1393625.

[48] Guo, M., White, R. E.: Thermal Model for Lithium Ion Battery Pack with Mixed Parallel and Series Configuration. In: J. Electrochem. Soc. 158 (10), S. A1166-A1176, 2010. DOI: 10.1149/1.3624836.

[49] Hager, J., Anzenberger, T.: Optimization of R134A and CO2 Refrigerant Circuits in Vehicles using Simulation Tools, Vienna, 2002.

[50] Hager, J., Anzenberger, T., Marzy, R.: Transient Air Conditioning Simulation Using Network Theory Algorithms. SAE Paper #2001-01VTMS-14, Detroit, 2001.

[51] Hager, J., Marzy, R., Anzenberger, T.: Simulation von KFZ-Klimaanlagen im Rahmen des Fahrzeug-Wärmemanagements. In: Haus der Technik (Hrsg.): Wärmemanagement des Kraftfahrzeugs II, 2000.

[52] Han, T., Park, S., Kim, U., burm Shin, C.: Nonuniform Heat Source Model for a Lithium-Ion Battery at Various Operating Conditions. SAE Paper #2011-01-0654, Detroit, 2011.

[53] He, H., Xiong, R., Fan, J.: Evaluation of lithium-ion battery equivalent circuit models for state of charge estimation by an experimental approach. In: Energies 4 (4), S. 582–598, 2011. DOI: 10.3390/en4040582.

[54] Hendricks, T. J.: Optimization of vehicle air conditioning systems using transient air conditioning performance analysis. SAE Paper #2001-01-1734, Detroit, 2001.

[55] Hofmann, P.: Hybridfahrzeuge: Ein alternatives Antriebskonzept für die Zukunft. Springer, Wien, 2010. ISBN 978-3-211-89190-2.

[56] Hopp, H., Lemke, T., Widdecke, N., Wiedemann, J.: Thermal simulation of high-performance battery systems. In: Bargende, M., Reuss, H.-C., Wiedemann, J. (Hrsg.): 13th Stuttgart International Symposium, Springer Vieweg, Wiesbaden, 2013.

[57] Hu, X., Li, S., Peng, H.: A comparative study of equivalent circuit models for Li-ion batteries. In: Journal of Power Sources 198, S. 359–367, 2012. DOI: 10.1016/j.jpowsour.2011.10.013.

[58] Hu, X., Lin, S., Stanton, S., Lian, W.: A State Space Thermal Model for HEV/EV Battery Modeling. SAE Paper #2011-01-1364, Detroit, 2011.

[59] Huang, C.-K., Sakamoto, J. S., Wolfenstine, J., Surampudi, S.: The Limits of Low-Temperature Performance of Li-Ion Cells. In: J. Electrochem. Soc. 147 (8), S. 2893–2896, 2000. DOI: 10.1149/1.1393622.

[60] Hucho, W. H., Ahmed, S. R.: Aerodynamik des Automobils: Strömungsmechanik, Wärmetechnik, Fahrdynamik, Komfort; mit 49 Tabellen. ATZ/MTZ-Fachbuch. Vieweg, 2005. ISBN 978-3-528-03959-2.

[61] Huria, T., Ceraolo, M., Gazzarri, J., Jackey, R.: High fidelity electrical model with thermal dependence for characterization and simulation of high power lithium battery cells: Electric Vehicle Conference (IEVC), 2012 IEEE International, IEEE, 2012.

[62] Internetseite des Bundesumweltministeriums - BMU: BMU - Plug-In-Hybrid-Fahrzeuge bilden den Einstieg in die Elektromobilität, http://www.bmu.de/bmu/presse-reden/pressemitteilungen/pm/artikel/plug-in-hybrid-fahrzeuge-bilden-den-einstieg-in-die-elektromobilitaet/ (10.10.2013).

[63] Jackey, R. A., Plett, G. L., Klein, M. J.: Parameterization of a Battery Simulation Model Using Numerical Optimization Methods. SAE Paper #2009-01-1381, Detroit, 2009.

[64] Jagsch, S., Kussmann, C.: Integrated Simulation Process for the Thermal Management of LiIon Batteries in Automotive Applications. SAE Paper #2009-01-3078, Detroit, 2009.

[65] Jarrett, A., Kim, I. Y.: Design optimization of electric vehicle battery cooling plates for thermal performance. In: Journal of Power Sources 196 (23), S. 10359–10368, 2011. DOI: 10.1016/j.jpowsour.2011.06.090.

[66] Johnson, V. H., Pesaran, A. A., Sack, T., America, S.: Temperature-dependent battery models for high-power lithium-ion batteries. NREL Conference Paper NREL/CP-540-28716, Golden, 2001.

[67] Jossen, A., Weydanz, W.: Moderne Akkumulatoren richtig einsetzen. 1. Auflage. Ubooks, Neusäß, 2006. ISBN 3-937536-01-9.

[68] Karden, E. et al.: Energy storage devices for future hybrid electric vehicles. In: Journal of Power Sources 168 (1), S. 2–11, 2007. DOI: 10.1016/j.jpowsour.2006.10.090.

[69] Karden, E.: Secondary batteries – Lead–Acid Systems | Automotive Batteries: New Developments. In: Jürgen Garche (Hrsg.): Encyclopedia of Electrochemical Power Sources, Elsevier, Amsterdam, 2009. DOI: 10.1016/B978-044452745-5.00146-5.

[70] Kim, U. S. et al.: Modeling the Dependence of the Discharge Behavior of a Lithium-Ion Battery on the Environmental Temperature. In: J. Electrochem. Soc. 158 (5), S. A611-A618, 2011. DOI: 10.1149/1.3565179.

[71] Kim, U. S., Shin, C. B., Kim, C.-S.: Modeling for the scale-up of a lithium-ion polymer battery. In: Journal of Power Sources 189 (1), S. 841–846, 2009. DOI: 10.1016/j.jpowsour.2008.10.019.

[72] Klassen, V., Leder, M., Hoßfeld, J.: Klimatisierung im Elektrofahrzeug. In: ATZ 113 (2), S. 118–123, 2011.

[73] Konz, M., Lemke, N., Försterling, S., Eghtessad, M.: Spezifische Anforderungen an das Heiz-Klimasystem elektromotorisch angetriebener Fahrzeuge. Fat-Schriftenreihe (233), Berlin, 2011.

[74] Kowal, J.: Die Elektrifizierung des Antriebsstrangs 7. Batterietechnik Grundlagen und Übersicht. In: MTZ 73 (12), S. 1000–1005, 2012.

[75] Lambers, K. J., Süß, J., Köhler, J.: Der Verdichtungsprozess von Verdrängungsverdichtern; Teil I/III Teil I: Die Darstellung des Verdichtungsprozesses im p,v-Zustandsdiagramm. In: KI Luft- und Kältetechnik, 2007.

[76] Lambers, K. J., Süß, J., Köhler, J.: Der Verdichtungsprozess von Verdrängungsverdichtern; Teil II/III Teil II: Die Darstellung des Verdichtungsprozesses im p,h-Diagramm. In: KI Luft- und Kältetechnik, 2007.

[77] Lambers, K. J., Süß, J., Köhler, J.: Der Verdichtungsprozess von Verdrängungsverdichtern; Teil III/III Teil III: Energetische Kennzahlen von Verdrängungsverdichtern. In: KI Luft- und Kältetechnik, 2007.

[78] Langeheinecke, K., Jany, P., Thieleke, G.: Thermodynamik für Ingenieure. 8. Auflage. Vieweg+Teubner Verlag / Springer Fachmedien Wiesbaden, Wiesbaden, 2011. ISBN 978-3-8348-0103-6.

[79] Lindemann, A.: Die Elektrifizierung des Antriebsstrangs 6. Leistungselektronik im Elektrifizierten Antriebsstrang. In: MTZ 73 (11), S. 898–903, 2012.

[80] Linzen, D.: Impedance based loss calculation and thermal modeling of electrochemical energy storage devices for design considerations of automotive power systems. Dissertation, RWTH Aachen. Institut für Leistungselektronik und Elektrische Antriebe, 2006.

[81] Lu, L. et al.: A review on the key issues for lithium-ion battery management in electric vehicles. In: Journal of Power Sources 226, S. 272–288, 2013. DOI: 10.1016/j.jpowsour.2012.10.060.

[82] Lund, C. et al.: Innovation durch Co-Simulation! In: Steinberg, P., Brill, U. (Hrsg.): Wärmemanagement des Kraftfahrzeugs 6, Expert-Verlag GmbH, Renningen, 2008.

[83] MAGNA Powertrain: KULI 8 Theory, http://kuli.at/Manuals.4757.0.html?&cHash= b046cbf0a5a7d4d22b17fca5b1ac8e58&tx_szecsdownloads_pi1%5BshowUID%5D= 762 (12.03.2013).

[84] Mahamud, R., Park, C.: Spatial-resolution, lumped-capacitance thermal model for cylindrical Li-ion batteries under high Biot number conditions. In: Applied Mathematical Modelling 37 (5), S. 2787–2801, 2013. DOI: 10.1016/j.apm.2012.06.023.

[85] Maleki, H.: Thermal Properties of Lithium-Ion Battery and Components. In: J. Electrochem. Soc. 146 (3), S. 947–954, 1999. DOI: 10.1149/1.1391704.

[86] McLaren: McLaren P1™ - The Ultimate Expression of McLaren | McLaren Automotive, http://cars.mclaren.com/p1.html, 2013 (03.07.2013).

[87] Nelson, P., Dees, D., Amine, K., Henriksen, G.: Modeling thermal management of lithium-ion PNGV batteries. In: Journal of Power Sources 110 (2), S. 349–356, 2002. DOI: 10.1016/S0378-7753(02)00197-0.

[88] Neumeister, D., Wiebelt, A., Heckenberger, T.: Systemeinbindung einer Lithium-Ionen-Batterie in Hybrid-und Elektroautos. In: ATZ 112 (4), 2010.

[89] Newman, J., Tiedemann, W.: Porous-electrode theory with battery applications. In: AIChE J. 21 (1), S. 25–41, 1975. DOI: 10.1002/aic.690210103.

[90] Nieto, N. et al.: Thermal Modeling of Large Format Lithium-Ion Cells. In: J. Electrochem. Soc. 160 (2), S. A212, 2012. DOI: 10.1149/2.042302jes.

[91] Nishi, Y.: Lithium ion secondary batteries; past 10 years and the future. Journal of Power Sources Volume 100. In: Journal of Power Sources 100 (1-2), S. 101–106, 2001. DOI: 10.1016/S0378-7753(01)00887-4.

[92] Normenausschuss Kraftfahrzeuge: Raumlufttechnik – Teil 3: Klimatisierung von Personenkraftwagen und Lastkraftwagen 1946-3, Berlin, 2006.

[93] Park, J.-K.: Principles and applications of lithium secondary batteries. Wiley-VCH, Weinheim, 2012. ISBN 978-3-527-65043-9.

[94] Peck, S., Pierce, M.: Development of a Temperature-Dependent Li-ion Battery Thermal Model. SAE Paper #2012-01-0117, Detroit, 2012.

[95] Peled, E.: The Electrochemical Behavior of Alkali and Alkaline Earth Metals in Nonaqueous Battery Systems - The Solid Electrolyte Interphase Model. In: J. Electrochem. Soc. 126 (12), S. 2047–2051, 1979. DOI: 10.1149/1.2128859.

[96] Pesaran, A., Vlahinos, A., Burch, S. D.: Thermal performance of EV and HEV battery modules and packs , 1997.

[97] Pesaran, A., Vlahinos, A., Stuart, T.: Cooling and preheating of batteries in hybrid electric vehicles. In: 6th ASME-JSME Thermal Engineering Joint Conference Proceedings, Hawaii Island, Hawaii (TED-AJ03-633), 2003.

[98] Pesaran, A. A.: Battery Thermal Management In EV and HEVs: Issues and Solutions (5), Las Vegas, Nevada, 2001.

[99] Pfleiderer, C.: Strömungsmaschinen. Springer, Wien, 2005. ISBN 3-540-22173-5.

[100] Porter, S. K.: Hysteresis in solid-state reactions. In: J. Chem. Soc., Faraday Trans. 1: 79 (9), S. 291–363, 1983. DOI: 10.1039/F19837902043.

[101] Ragone, D. V.: Review of battery systems for electrically powered vehicles. SAE Paper #680453, Detroit, 1968.

[102] Rao, L., Newman, J.: Heat-Generation Rate and General Energy Balance for Insertion Battery Systems. In: J. Electrochem. Soc. 144 (8), S. 2697–2704, 1997. DOI: 10.1149/1.1837884.

[103] Reichelt, J. D.-I.: Grundlagen der Pkw-Kälte-Klima-Anlage mit R134a, Karlsruhe.

[104] Reichelt, J. D.-I.: Der neue effiziente Kältemittelkreislauf im Audi A5. In: Kältetechnik/Fahrzeugklimatisierung, S. 28–33, 2007.

[105] Rindsfüßer, M., Kuitunen, S., Potthoff, U.: Lastsynchrones Thermomanagement für Hybrid-Omnibusse. In: ATZ 115 (5), S. 390-394, 2013.

[106] Roscher, M. A., Bohlen, O., Vetter, J.: OCV Hysteresis in Li-Ion Batteries including Two-Phase Transition Materials. In: International Journal of Electrochemistry 2011, 2011. DOI: 10.4061/2011/984320.

[107] Roscher, M. A., Sauer, D. U.: Dynamic electric behavior and open-circuit-voltage modeling of LiFePO4-based lithium ion secondary batteries. In: Journal of Power Sources 196 (1), S. 331–336, 2011. DOI: 10.1016/j.jpowsour.2010.06.098.

[108] Sabbah, R., Kizilel, R., Selman, J. R., Al-Hallaj, S.: Active (air-cooled) vs. passive (phase change material) thermal management of high power lithium-ion packs: Limitation of temperature rise and uniformity of temperature distribution, Selected papers from the International Workshop on Degradation Issues in Fuel Cells. In: Journal of Power Sources 182 (2), S. 630–638, 2008. DOI: 10.1016/j.jpowsour.2008.03.082.

[109] Saxton, T.: Plug in America's Leaf Battery Survey, http://www.pluginamerica.org/surveys/batteries/leaf/Leaf-Battery-Survey.pdf, 2012 (22.10.2013).

[110] Saxton, T.: Plug in America's Tesla Roadster Battery Study, http://www.pluginamerica.org/surveys/batteries/tesla-roadster/PIA-Roadster-Battery-Study.pdf, 2013 (22.10.2013).

[111] Song, L., Chen, Y., Evans, J. W.: Measurements of the Thermal Conductivity of Poly (ethylene oxide)-Lithium Salt Electrolytes. In: J. Electrochem. Soc. 144 (11), S. 3797–3800, 1997. DOI: 10.1149/1.1838094.

[112] Song, L., Evans, J. W.: Electrochemical-Thermal Model of Lithium Polymer Batteries. In: J. Electrochem. Soc. 147 (6), S. 2086–2095, 2000. DOI: 10.1149/1.1393490.

[113] Spotnitz, R., Franklin, J.: Abuse behavior of high-power, lithium-ion cells. In: Journal of Power Sources 113 (1), S. 81–100, 2003. DOI: 10.1016/S0378-7753(02)00488-3.

[114] Statler, M., Burger, R.: Ölzirkulationsmessungen in Kfz-Kältemittel-Kreisläufen. In: KI Luft- und Kältetechnik 2007 , S. 28–31, 2007.

[115] Stripf, M., Wehowski, M., Schmid, C., Wiebelt, A.: Thermomanagement von Hochleistungs-Li-Ionen-Batterien. In: ATZ 114 (1), S. 52–56, 2012.

[116] Tarascon, J.-M., Armand, M.: Issues and challenges facing rechargeable lithium batteries. In: Nature 414 (6861), S. 359–367, 2001. DOI: 10.1038/35104644.

[117] Tesla Motors: Features & Technische Daten, http://www.teslamotors.com/de_DE/roadster/specs, 2013 (18.06.2013).

[118] Thom, R.: Die Elektrifizierung des Antriebsstrangs 15. Typgenehmigung von Pkw mit elektrifizierten Antrieben. In: MTZ 74 (9), S. 692-699, 2013. DOI: 10.1007/s35146-013-0203-6.

[119] Tipler, P. A., Mosca, G.: Physik für Wissenschaftler und Ingenieure. 2. Auflage. Spektrum Akademischer Verlag, Heidelberg, 2004. ISBN 3-8274-1164-5.

[120] TLK-Thermo GmbH: TISC Suite – Software zur Kopplung mehrerer Simulationswerkzeuge, http://www.tlk-thermo.com/index.php?option=com_content&view=article&id=51&Itemid=61&lang=de, 2013 (03.07.2013).

[121] Transport for London: Vehicles | Transport for London, http://www.tfl.gov.uk/roadusers/congestioncharging/6733.aspx, 2013 (10.10.2013).

[122] Trogisch, A., Franzke, U.: Feuchte Luft - h,x-Diagramm. VDE-Verlag, Berlin, 2012. ISBN 978-3-8007-3386-6.

[123] Tschöke, H.: Die Elektrifizierung des Antriebsstrangs 1. Hybridantriebe Definition, Lösungsvarianten. In: MTZ 73 (5), S. 413–419, 2012.

[124] Tschöke, H.: Die Elektrifizierung des Antriebsstrangs 2. Range Extender - Definition, Anforderungen, Lösungsmöglichkeiten. In: MTZ 73 (6), S. 510–515, 2012.

[125] U.S. Department of Energy: Battery Test Manual For Plug-In Hybrid Electric Vehicles. 2. Auflage (INL/EXT-07-12536).

[126] UNECE: Regs 101-120 - Transport - UNECE, http://www.unece.org/trans/main/wp29/wp29regs101-120.html, 2013 (03.07.2013).

[127] US Department of Commerce, NIST: NIST Standard Reference Database 23, http://www.nist.gov/srd/nist23.cfm, 2013 (01.08.2013).

[128] VDI-Gesellschaft Verfahrenstechnik, Chemieingenieurwesen: VDI-Wärmeatlas, Vol. 1. VDI-Verl., Düsseldorf, 2006. ISBN 978-3-540-25504-8.

[129] Verbrugge, M., Tate, E.: Adaptive state of charge algorithm for nickel metal hydride batteries including hysteresis phenomena. In: Journal of Power Sources 126 (1), S. 236–249, 2004. DOI: 10.1016/j.jpowsour.2003.08.042.

[130] Vetter, J. et al.: Ageing mechanisms in lithium-ion batteries. In: Journal of Power Sources 147 (1-2), S. 269–281, 2005. DOI: 10.1016/j.jpowsour.2005.01.006.

[131] Viswanathan, V. V. et al.: Effect of entropy change of lithium intercalation in cathodes and anodes on Li-ion battery thermal management. In: Journal of Power Sources 195 (11), S. 3720–3729, 2010. DOI: 10.1016/j.jpowsour.2009.11.103.

[132] Wiebelt, A., Isermeyer, T., Siebrecht, T., Heckenberger, T.: Thermomanagement von Lithium-Ionen-Batterien. In: ATZ 111 (7-8), S. 500–504, 2009.

[133] Wiedemann, J.: Kraftfahrzeuge I. Institut für Verbrennungsmotoren und Kraftfahrwesen. Universität Stuttgart, Stuttgart, 2009.

[134] Wind, J.: Antriebssysteme für elektrisch angetriebene Fahrzeuge. In: DLR (Hrsg.): Energiespeichersymposium Stuttgart 2012, Stuttgart, 2012.

[135] Zhang, S. S., Xu, K., Jow, T. R.: The low temperature performance of Li-ion batteries. In: Journal of Power Sources 115 (1), S. 137–140, 2003. DOI: 10.1016/S0378-7753(02)00618-3.

[136] Zheng, T., Dahn, J. R.: Hysteresis observed in quasi open-circuit voltage measurements of lithium insertion in hydrogen-containing carbons. Proceedings of the Eighth International Meeting on Lithium Batteries. In: Journal of Power Sources 68 (2), S. 201–203, 1997. DOI: 10.1016/S0378-7753(96)02552-9.